微分法とその応用

田中　久四郎　著

「d-book」シリーズ

http：//euclid.d-book.co.jp/

電気書院

目　次

1　微積分学の誕生　　1

2　導関数と原関数　　9

3　関数の和（差），積，商の微分法
- 3・1　関数の和（差）の微分法 …………………………………… 14
- 3・2　関数の積の微分法 …………………………………………… 14
- 3・3　関数の商の微分法 …………………………………………… 15

4　その他の場合の微分法
- 4・1　関数の関数（合成関数）の微分法 ………………………… 17
- 4・2　逆関数の微分法 ……………………………………………… 19
- 4・3　媒介変数による微分法 ……………………………………… 20
- 4・4　陰関数の微分法 ……………………………………………… 21

5　基本初等関数の微係数と対数微分法
- 5・1　代数関数の微係数 …………………………………………… 23
- 5・2　三角関数の微係数 …………………………………………… 24
- 5・3　逆三角関数の微係数 ………………………………………… 28
- 5・4　指数関数の微係数 …………………………………………… 30
- 5・5　対数関数の微係数 …………………………………………… 32
- 5・6　対数微分法 …………………………………………………… 33
- 5・7　微分計算の基本例題 ………………………………………… 35

6　微分法とその応用の要点
- 6・1　導関数と原関数（微分と積分の関係） …………………… 40
  - （1）導関数と原関数 …………………………………………… 40

  (2) 微分と積分の関係 …………………………………………………… 40

 6・2 関数の和，積，商の微分法 ……………………………………………… 40

  (1) 関数の和の微分法 ………………………………………………… 40

  (2) 関数の積の微分法 ………………………………………………… 41

  (3) 関数の商の微分法 ………………………………………………… 41

 6・3 合成関数，逆関数，媒介関数，陰関数の微分法と対数微分法 ………… 41

  (1) 合成関数の微分法 ………………………………………………… 41

  (2) 逆関数の微分法 …………………………………………………… 41

  (3) 媒介変数による微分法 …………………………………………… 41

  (4) 陰関数の微分法 …………………………………………………… 42

  (5) 対数微分法 ………………………………………………………… 42

 6・4 基本初等関数の微係数と不定積分 ……………………………………… 43

7 微分法とその応用の演習問題   44

1　微積分学の誕生

微分法　　中世から近世にかけ，地動説における天体の運動軌跡の研究とか，勃興してきた資本主義社会における産業の機械化に対応する運動の速度や曲線の接線に対する研究などが**微分法**を産む母体になった．

積分法　　一方，図形の面積や体積などの研究は**積分法**を産む所以になった．この両者を結ぶのが極限法であって，この両者が互に逆算関係にあることを証明しえた結果，微積分学が生まれた．この経過の主流としてフェルマからニュートンに至る流れを概観してみよう．

極限法　　さて，上述の**極限法**を最初に用いた代表的な人は，わが国では関孝和（1642－1708）であり，西欧ではドイツの数学者であり天文学者であったケプラー（Kepler；1571－1630）であって，彼はその著者「葡萄酒樽の新幾何学」（1615）において，"関数値の極大値付近では関数値にほとんど変化がない"という意味のことを書いている．このケプラーの方法をさらに精密化し極大極小論の基礎をつくり，曲線に対する接線の引き方を発見したのは，フランスのフェルマ（Fermat；1608－1665）である．彼の本職は法律家であり地方議員を勤めたが，余技として数学の研究に没頭し，数学史上にあらわれた稀有の天才の1人として，整数論や解析幾何学などを開拓し，**フェルマの定理**として幾多の定理を残した．

フェルマの定理

彼は手記や手紙を残したが系統的な著書はなく，未証明のままの定理もあったが，そのことごとくは後世において証明された．ところが，有名なフェルマの最後定理とも大定理とも云われる「nが2より大きい自然数であるとき，$x^n+y^n=z^n$ は0でない整数解を持たない」は，今日なお一般的な証明が与えられていない．この証明にはかって巴里学士院が3 000フランの懸賞金をかけたが証明がえられなかった．その後，ドイツのゲッチンゲン王立科学協会は30万マークの懸賞金をかけているが，この〆切は2007年になっている．諸君のうちから稀代の天才が出現して，この330年来の難問を美事に解決して頂きたい．私はよっぱらうと，その手がかりがつかめたようなひらめきを感ずるのだが，さめると元の木阿弥で，フェルマは証明済みであったのか，天才の直感として申したのか疑惑を感ずることがある．なお，この定理の一般的な証明の試みに失敗したことから新しい数理が生まれてきた面白い話の数々もあるのだが，脱線がすぎるので，つぎにフェルマの**極限法**を紹介しよう．

フェルマの極限法

図1・1で示したような$y=f(x)$なる関数の極大値を求めるには，yの極大値$QB=f(x_0)$の前後には関数値yの相等しい$PA=f(x_1)$と$RC=f(x_1+\varepsilon)$なる2点P，Rが必ずあるはずだから

$$PA=RC, \quad f(x_1)=f(x_1+\varepsilon)$$

とおくことができる．この式を簡約した後に，εを0にすると，P，R 2点がQに一致するから，このときのx_1は$y=f(x)$を極大とするx_0に一致する．例えば，辺の長さ

が$2l$である矩形の面積yは，その1辺の長さをxとすると

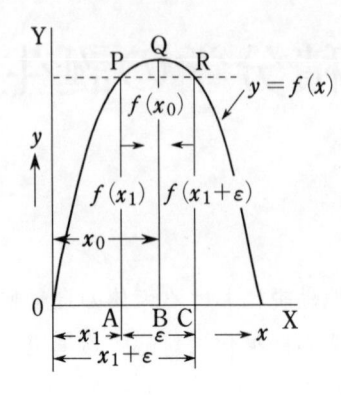

図1・1 最大値を求める

$$y = x(l-x) = lx - x^2$$

となる．このyを最大とするxの値は，仮にxに$x_1 < x_0$なる値を与えたものと，$(x_1 + \varepsilon) > x_0$なる値を与えたものの関数値$y$の値を相等しいとおく．すなわち

$$lx_1 - x_1^2 = l(x_1 + \varepsilon) - (x_1 + \varepsilon)^2 = lx_1 + l\varepsilon - x_1^2 - 2x_1\varepsilon - \varepsilon^2$$

これを簡約化すると

$$2x_1\varepsilon - l\varepsilon + \varepsilon^2 = 0$$

となるが，ここで$\varepsilon \neq 0$として，εで上式の両辺を除して，

$$2x_1 - l + \varepsilon = 0$$

をうる．ここで初めてεを0にすると，このときのx_1の値がyを最大とするx_0に一致する．

$$\text{故に} \quad 2x_1 - l = 0, \quad x_1 = x_0 = \frac{1}{2}$$

をうる．

ところで，微分法を使って極大極小を求める方法では後述するように，

$$\frac{dy}{dx} = \lim_{\varepsilon \to 0} \frac{f(x+\varepsilon) - f(x)}{\varepsilon} = 0$$

微係数 としている．上記でフェルマは式を簡約するとき，εで除していて，一見すると**微係数**の考え方に達していたかに見え，このεを0に収束させる動的な考え方をラグランジュ（Largrange；1736 – 1813）などは激賞し，フェルマこそ微分法の創始者だとしているが，εで除したのは二つの式を等しいとおいて簡約化するための手段であり，関数値の変化率である微係数にはいま1歩のところで気づいていなかったと考えられる．結局，フェルマは微分法の門はたたいたとしても，門内には1歩も足跡を印しなかったといえる．

しかし彼は放物線の面積を求めるのに，図形を細長い矩形に分割して，この分割
区分求積 を無限にすすめる極限法に無限級数を巧みにからみ合わせて**区分求積**に成功しているので，微積分法への有力な先駆者の1人であることには論はない．また，フェルマは運動体の速度の方向をきめる問題から，上述と同様な考え方で曲線に接線を引く方法を研究している．つぎに，それを紹介しよう．

図1・2で直交軸の原点Oに例えば放物線の頂点をおいたとき，曲線上の任意の点Pに接線を引くために，P点にごく接近した曲線上の点Qをとり，直線PQがX軸と交わる点をT'とする．P，QからX軸への垂線の足をB，Cとし，PからQCへの垂線を

1 微積分学の誕生

放物線 | PRとする．ここでOB＝x_0，PB＝y_0とすると**放物線**だから$y_0^2 = 4px_0$になり，BC＝εとおくと，同様にQC＝$y_1^2 = 4p(x_0+\varepsilon)$になるので，

$$y_1^2 - y_0^2 = (y_1 + y_0)(y_1 - y_0) = 4p\varepsilon$$

$$QR = y_1 - y_0 = \frac{4p\varepsilon}{y_1 + y_0}$$

$$\therefore \quad \frac{QR}{PR} = \frac{y_1 - y_0}{\varepsilon} = \frac{4p}{y_1 + y_0}$$

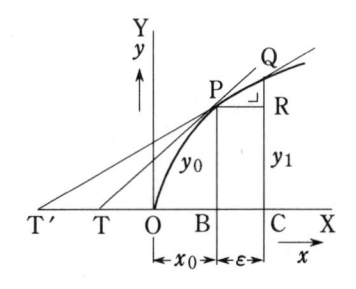

図1・2　接線を引く

また△PQR∽△T′PBだから，対応辺（それぞれの等しい角に対する辺）は互に比例し，

$$\frac{QR}{PR} = \frac{PB}{T'B} = \frac{y_0}{T'B}$$

これに上式を代入すると　　$\dfrac{y_0}{T'B} = \dfrac{4p}{y_1 + y_0}$

ここで，$\varepsilon = 0$とすると$y_1 = y_0$となり，T′PはTPのようになって，曲線上のP点に

接線 | 引いた**接線**になる．このときのT′BはTBになり

$$\frac{y_0}{TB} = \frac{4p}{2y_0}$$

$$TB = \frac{2y_0^2}{4p} = \frac{2 \times 4px_0}{4p} = 2x_0 = 2OB$$

となるので，O点はTBの中点になり，TO＝x_0になるように，X軸上にT点をとってP点と結ぶと，これがP点における曲線（放物線）の接線になる．

　さて，この当時は，微分と積分は数学的に十分結びつけられていなかった．このことは微積分学の誕生をおくらせたともいえるし，微分法が未熟で積分法の発展を阻止していたともいえる．もっとも近代力学の始祖ガリレイの弟子のトリチェッリー（Torricelli；1608 – 1647）は，師ゆずりの力学の面から微分と積分が逆算関係にあることを発見していた．すなわち，図1・3で，X軸に時間をとり，OY軸に時間tに対して運動する物体が動いた距離sをとり，その各瞬時の速度vをOY′軸にとったとき，曲線OPAおよびORBのようになったとすると，時間−距離線上の任意のP点で，

速度 | これに接近してQ点をとり，**速度**$v = \Delta s/\Delta t$とし，Δtを0に収束させると，これがP点の速度$v = ds/dt$になり，ORB曲線上のRで表される．ところが，この各瞬時の速

距離 | 度の和が**距離**sになるのだから，vを時間dtについて集めたものがsになり，

−3−

$$s = \int v dt = \int \frac{ds}{dt} dt \to s$$

すなわち,「速度は距離の微分であり,距離は速度の積分である」ので,距離は距離の微分の積分となり,距離を微分して積分するともとの距離になる.ということは——ある数をmで除してm倍するともとの数になり,除法と乗法は逆算関係にあるように——微分と積分は逆算関係にあることを表している.このトリチェッリーのそのものずばりの微積分法への基本定理も,微分法と積分法の未成熟さと,その力学的な表現のため,当時において重視されなかったのは痛惜にたえない.

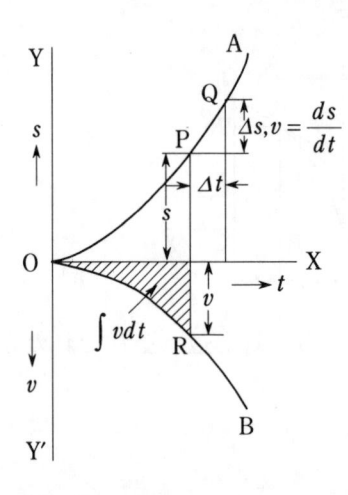

図 1・3　微分と積分の逆算関係

さて,つぎに登場するのは,ニュートンの師バーロー (Barrow ; 1630－1677) で,彼は神学者であったが,神学に必要な年代学には数学や天文学の知識を要することから,数学の研究者を初め,ついに本格的な数学者になり,ケンブリッジ大学の初代の数学教授に任命され (1663),在職6年,職を愛弟子のニュートンにゆずり,静かな僧侶生活に余生をすごした.彼はフェルマの考え方を一歩進め,関数値の変化率として**微係数**——任意の曲線の任意の点における接線の引き方——を着想し,微積分学誕生の日をはやめた.次に簡単に彼の研究を紹介するが,彼は全く幾何学的に記述——「幾何学講義」(1670年刊)——しているが,ここでは説明の便宜上,数式的にしかも実例について説明しよう.

微係数

今,xの関数yが　$y = f(x) = ax^2 + b$　なる形で与えられ,xをX軸に,これに対応するyをY軸にとって両者の関係をグラフに描くと**図1・4**のようになったとする.

この$x = x_0 = \mathrm{OB}$に対応する曲線上の点はP点であり,$y_0 = f(x_0) = \mathrm{PB}$になる.このP点に近迫してQ点をとると,PQは直線と考えてよく,Q点よりX軸に垂線QCを引き,さらにP点からQCに垂線PRを引く,このOC$= x_0 + \varepsilon$,BC$= \varepsilon$とすると,

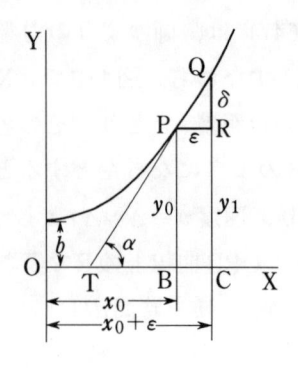

図 1・4　差の三角形

$y_1 = f(x_0+\varepsilon) = QC$ になり，$\delta = QR = y_1 - y_0$ になる．この例では
$$y_0 = f(x_0) = ax_0{}^2 + b$$
$$y_1 = f(x_0+\varepsilon) = a(x_0+\varepsilon)^2 + b = ax_0{}^2 + 2ax_0\varepsilon + \varepsilon^2 + b$$
従って　$\delta = y_1 - y_0 = 2ax_0\varepsilon + \varepsilon^2$

ここでε^2は高次の無限小だから $\varepsilon^2 \to 0$ とおくと，

$$\delta = 2ax_0\varepsilon, \quad \therefore \frac{\delta}{\varepsilon} = 2ax_0$$

また，一方においてQPを延長してX軸との交点をTとすると△TPBと△PQRは相似三角形になり，対応辺は互に比例し

$$\frac{PB}{TB} = \frac{QR}{PR} = \frac{\delta}{\varepsilon} = 2ax_0 = \tan\alpha$$

$$\therefore \quad TB = \frac{PB}{2ax_0} = \frac{ax_0{}^2 + b}{2ax_0}$$

となるので，$x = x_0$のP点に接線を引くにはOB＝x_0のB点に対し，TBが上記の値となるT点をとりP点と結べばよい．

|バーローの方法
差分三角形
微係数| このバーローの方法は一見するとフェルマの方法とちがわないようであるが，バーローは△PQRを**差分三角形**（Differential triangle）と称して重視し，関数のP点での変化率（δ/ε）がPB/TBに等しいことからTPを定めている．ここに初めて**微係数**（δ/ε）の思想が浮かびでてくる．さらにバーローはトリチェッリーが力学上の問題から微分と積分の逆算関係を看破したのに対し，そうなることを上述の接線に対する考え方から幾何学的に前記の彼の著書で証明している．ここでは，それを数式化して紹介しよう．

すなわち，図1・5で変数xをX軸にとり，xの関数zをY′軸上にとって曲線OFGが与えられたとき，この曲線がX軸との間に作る面積をY軸にとって曲線OPQを描く．従って，$y = PR = f(x)$ はOFRの面積を，$y_1 = QS = f(x+dx)$ はOGSの面積を表すことになる．いま，FR＝zとすると，FR×RS＝zdxとなり，

$$y = PR = \int_0^x zdx, \quad y_1 = QS = \int_0^{x+dx} zdx$$

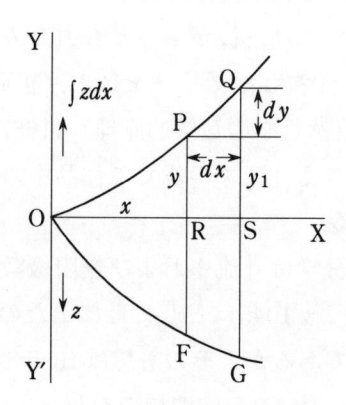

図1・5　微分と積分の関係

であって$(y_1 - y)$は面積FRSGに相当し，一方$y_1 - y = dy$であり，dxを十分に微小にとるとFR＝GSと考えてよく，

1 微積分学の誕生

$$dy = y_1 - y = zdx, \quad \therefore \quad z = \frac{dy}{dx}$$

なお，前に示したように $y = \int_0^x zdx$

になる．ということはzを積分したものがyになるならyを微分したものは，もとのzになるということであり――zにmをかけたものはmzになり，これをmで割るともとのzになるので，乗法と除法は逆算関係にあるように――微分と積分は明らかに逆算関係にある．このようにしてバーローは微積分学の基礎を定めたのであるが，統一的な微積分法にはいま1歩という状態で，天才があらわれて，これらの先人の業績を総合し体系化する機は熟していた．ここにおいて，ニュートンとライプニッツが同時に微分と積分を一体とする基本定理を発見し，これを大成させた．

ニュートン　さて，近代の自然科学を確立した世紀の天才ニュートン（Newton；1642－1727）は，英国のリンカーンシャの小寒村ウルスリーブの小自作農の子として生まれたが，父は彼の生誕の日を見ることなくして逝去し，4才のとき母が他家に再婚したので祖母の手で育てられた．幼時は成長が危ぶまれるほど虚弱だったので，他におくれて13才のとき小学校に入学した．彼が15才のとき母は夫と死に別れて実家に帰り，彼を学校からさげて農業に従事させようとしたが，日時計，水時計，粉つき車などを作ったり研究や計算に没頭する彼を見て，彼の生涯が他にあることを悟り，18才のときケンブリッジ大学の予科に入学させた．彼がバーローの門下に加わったのは21才のときである．彼は研究に没頭し，毎日平均19時間近くをこれにさき，余事は念頭になかったということで，卵とまちがって時計を煮たとか，馬を曳いて歩いていたが思索に夢中だったので馬の逃げたのも気づかず曳き綱だけを持って帰ったなど逸話の数々があるが，努力の結晶のみが天才を作りうることを如実に示したものとして彼に学ばねばならない．

彼がまた一面，愛情の深い人であったことは，彼が礼拝堂に行っている留守に彼の愛犬がランプを倒して，彼が20年の長きに亘って丹念に記入しておいた実験記録と光学に関する論文の大部分を焼失したのに，茫然と目に涙し，愛犬の頭をなでながら，"お前は知らない，お前には罪がない"といったという話からもうかがわれる．このあまりにも大きな打撃のため1ケ月ほど精神錯乱の状態にあったということで，これが彼の50才のときで，それ以後，研究をやめている．

彼が如何に偉大であったかは，彼がもっとも力を入れた重力の法則，天体の運動など彼の力学の全体系をおさめたプリンキピア，正確にはPhilosophiae naturalis principia mathematica（自然哲学の数学的原理）（1687刊）に対し，めったに人をほめたことのないラプラスさえ「天才の総ての作品中の最高のものだ」と激賞している一事からも明らかである．

微積分学　さて彼の発見した**微積分学**は「流率および無限級数の方法」と題する論文に記されているが，この論文は歿後10年ほどして世に出たので，ライプニッツとの間に発見争いが展開されたわけであるが，その着想は1665年，欧州で大流行したペストが英国に渡り，ケンブリッジ大学も一時閉校のやむなきに至り彼は1年有半，郷里に帰ったが，その間にえられたものであることは，彼がオルデンブルグに与えた書簡からも明らかで，彼が24才前後のときと推定される．何にわずらわされることのない

牧歌的な田園生活，自由奔放の思索生活の日々が万有引力なり微積分学の発見という果実をみのらせたものと思う．彼の微積分学への思索のあとを現代風に翻訳し，簡単な実例について述べてみよう．彼は運動の数学的な解析として，

〔1〕運動が描く曲線が与えられたとき，任意の時間における速度はどうして求められるか（微分の問題）

〔2〕各時間における速度が与えられたとき，定められた時間内での運動の曲線はどうしたら求められるだろうか（積分の問題）

運動曲線 について考えた．例えば図 1·6 で X 軸に時間 t を Y 軸に距離 s をとって**運動曲線**を描いたとき，曲線上の P 点の速度は，これに接近して Q 点をとり，この Q 点を限りなく P 点に Q′, Q″, …… というように P に接近させた極限の値

$$v = \lim_{\Delta t \to 0} \frac{\Delta s}{\Delta t}$$

によって求められる．今，仮に a を定数として，$s = at^3$ と与えられると $t = t_1$ に対応

P点の速度 する P 点の速度は

$$v = \lim_{\Delta t \to 0} \frac{a(t_1 + \Delta t)^3 - at_1^3}{\Delta t} = \lim_{\Delta t \to 0} (3at_1^2 + 3at_1\Delta t + a\Delta t^2)$$
$$= 3at_1^2$$

として求められる．

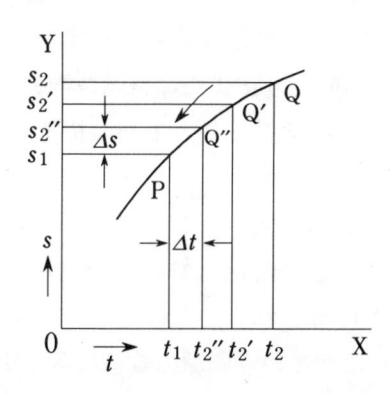

図 1·6 微係数の発見

逆に各時間における速度が $v = 3at^2$ とすると，この運動を表す運動曲線は，上記のような極限を求めた結果が $3at^2$ になるような曲線を見出せばよいことになり，上記の逆計算によって〔2〕の問題が解決できると考えた．なお，彼は $dy/dx > 0$ のとき y の値は増加し，$dy/dx < 0$ のとき y は減少し，$dy/dx = 0$ のとき変化は止まるとし——これを原文では dy, dx を流率と称し，$\dot{y}, \dot{x}$ と記し $\dot{y}:\dot{x} = 0$ のとき y の流れが止むというように記されている——，この場合に極大，極小が起こるとしている．

流率（微係数） **流率（微係数）**を与えて流量を求める方法が無限級数の方法であって，流率を与えると流率と流量の間の関係式が与えられるので，これを流率方程式と称したが，これが現在の微分方程式に相当する．このようにして彼は微分積分学を編みだした．

ライプニッツ 一方，**ライプニッツ**（Leibniz；1646－1716）は，ドイツのライプチヒに大学教授の子として生まれ，15 才のときライプチヒ大学に入学し法律と哲学を専攻した．数学はイエナ大学で半年学んだほかは総て独学で研究し，26 才のときパリに行き，ホイヘンスと交際したことが，彼をして専門的な数学に向わせる機縁になった．彼はデカルトの解析幾何において曲線に接線を引く方法が一般性がなく，逆に直線が与

えられたとき，これを接線にもつ曲線を見出すことにふれていないので，

[1] 任意の曲線に接線を引く一般的な方法はないか（微分の問題）．
[2] 直線が与えられたとき，それを接線とする曲線はどのように見出すか（積分の問題）．

を考えたが，これはニュートンの考え方と全く軌を一にしている．

その考察の結果を"極大極小ならびに接線に対する新しい方法"と題して"Acta eruditorim"誌に発表した（1673）．その考え方はバーローの場合とほぼ同様だから説明を省略する．ただし，この論文ではΔxに無限小の意味はなかったが，その後の論文で初めて無限小の意味をもたせ $dy/dx = \tan\alpha = f'(x)$ とし，ある曲線に**接線**を引くには，その微係数を求めればよく，接線$f'(x)$を知って**原曲線**を求めるには$f'(x)$をxについて積分すればよいという着想に達し，定数の微係数は0であり，$y=ax$の微係数はa，$y=x^n$の微係数はnx^{n-1}となること，関数の和，差，積，商の微係数を求めている．

今日，用いられているdy/dxや$\int$などの記号や座標，関数などの用語を確立したのも彼であって，アリストテレス以来の博識家であると共に，古今を通じての記号の神様である．というのは彼は記号に対する独特の哲学と雄大な構想を持っていて，総ての学問に**記号法**を用いようとした．さらに彼は世界語を作り，これを記号であらわし，その文法も代数のように計算できるようにして，思想を記号化し正誤を判別しやすく，その調和を計ろうとした．こうすれば世界各国間で学術，文化の交流が容易になり，紛争も解決され平和な調和の世界がえられるものとして一生努力をつづけた．これが彼の普遍的記号法または**普遍数学**といわれるものである．

この調和ということが彼の学説なり人生観の根本となっていて，彼はこれを連続の原理と云った．

例えば，運動と静止は全く相反するものでなく，静止は無限小の運動であるとした．ここに美事に極限の思想が開花している．一方，その雄大な構想は現代において一層切実にその実現が待望される．このニュートンとライプニッツの何れかが先きに微分積分学を発見したかという両派の論争は数学史上で有名な話である．

ことの次第は，ライプニッツの微分積分学が欧州で大いに普及されだした頃，ニュートンをめぐる人々が，ライプニッツがニュートンの思想を盗んだと騒ぎだしたことが起因であるが，何れも独立に，ニュートンは1666年前後にライプニッツは1673年頃に着想をえているので，ニュートンの方が7年前後早く発見している．しかし微分積分学を広く世におくったのはライプニッツの方が先だといえよう．

しかし，ここではまだ極限値の思想や関数の概念があいまいで，微分積分学に確固たる基礎づけを与えたのが**コーシー**（Cauchy；1789-1857）である．彼は当時のドイツの数学界における巨星ガウに対し，劣るところのない光芒を放ったフランス数学界の明星であった．最初，工芸学校に学んで土木技師になったが，25才のときから数学に転向し，理科大学などの教授になった．32才のとき発表した代数解析論は初等関数の理論と複素数の無限級数論に対する初めての基礎づけであり，その4年後に，複素変数の関数論において有名なコーシーの積分定理を発表している．これは関数論における最大の基本定理である．

—8—

2　導関数と原関数

　　17世紀から18世紀に亘って，ニュートンやライプニッツの発見した微分積分学は結果的には正しいことが認められていたが $\lim_{\Delta x \to 0}(\Delta y/\Delta x)$ は結局 0/0 になり不定でないかという疑惑には答え得なかった．これは**無限小**を固定的な数と見なしたために起る疑問であって，19世紀に入ってコーシーがこの Δx や Δy は無限に小さくなりつつある変数であることを発見して，この疑惑を解明し微積分学の基礎を確立した．これをコーシーは次のように記している．

 「変数 x からなる関数 $y=f(x)$ が x の二つの与えられた限界の間で連続であると，変数 x に与えた無限に小さな増分 Δx によって，関数の値に無限に小さい増分 Δy を生じ，両者の比は

$$\frac{\Delta y}{\Delta x} = \frac{f(x+\Delta x)-f(x)}{\Delta x}$$

となり，この分母子の両項は無限に小さな量であるが，この両項が限りなく，しかも同時に，極限値としての 0 に近迫すると，この比

$$\frac{dy}{dx} = \lim_{\Delta x \to 0}\frac{f(x+\Delta x)-f(x)}{\Delta x}$$

は他の正または負の極限値に収束する．この極限値が存在すると，それぞれの x の値に対して dy/dx は一定の値をもち x とともに変化し，y が x の1次式（直線関係）でない限り dy/dx も x の関数となり，与えられた関数から導き出されるので，これを**導関数**（Derivative）といい，dy/dx, $f'(x)$ または y' で表す」

　　ここで，コーシーのいう Δx, Δy はかぎりなく 0 に収束しつつある変数であって，その極限において $\Delta y/\Delta x$ が dy/dx に収束するというのであって，dy/dx は $dy \div dx$ の意味はなく，$\Delta y/\Delta x$ の極限値を表している．ところが，x の微分を dx, これに対応する $y=f(x)$ の微分を dy と考え

 「微分 dy, dx は，その比 dy/dx が一定な $f'(x)$ に等しいという制限のもとにある変数である」

ということもできる．すなわち，導関数 dy/dx を上述のような記号と見ずに**微分商** ($dy \div dx$) と見て，この dy, dx は無限に小さくなりつつある変数で，その比が限りなく $f'(x)$ に接近するとも考えることができる．そこで

$$\frac{dy}{dx} = f'(x), \quad dy = f'(x)dx$$

と書くこともできる．これから明らかなように，$f'(x)$ は変数 x の変化に対する関数 y の変化 dy をあらわす変化率とも考えられ，この $f'(x)$ を**微係数**というわけである．

  注：　ただし，$\dfrac{d}{dx}y$ と記されたときの (d/dx) は y を x について微分することを意味する記号になる．

（左側欄外見出し：無限，導関数，微分商，微係数）

2 導関数と原関数

微係数　従って，この**微係数**（**導関数**）$f'(x)$ が大きいということは，原関数 $f(x)$ の変化の大きいことを意味する．例えば，図2・1で，原関数の変化の急激な b, d, f では導関数の絶対値が大きく，変化のゆるやかなところの導関数の絶対値は小さい．

また，$y = f(x)$ の x が増加したとき y も増加する曲線の上り坂のところでは　$f'(x) = dy/dx = \lim_{\Delta x \to 0}(+\Delta y/\Delta x)$ となり導関数は正（＋）になる．図のabcおよびefgの部分はこれに相当する．これと反対に x が増加したとき y の減少する曲線の下り坂のところでは，　$f'(x) = dy/dx = \lim_{\Delta x \to 0}(-\Delta y/\Delta x)$ は負（－）になる．図のaより前の部分とcdeの部分がこれに相当する．

方向係数　なお，$f'(x)$ が原関数 $f(x)$ の**方向係数**――曲線のその点に引いた接線のX軸に対する傾きの割合――を表すという考え方，すなわち

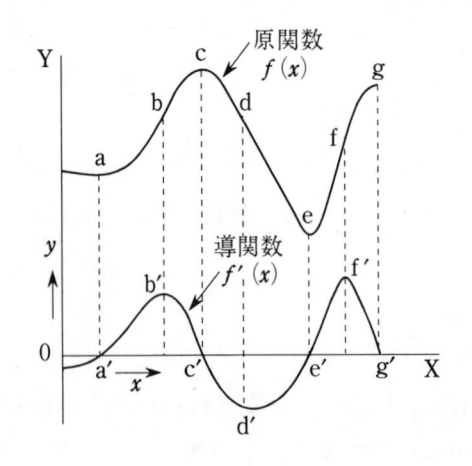

図2・1　原関数 $f(x)$ と導関数 $f'(x)$ の関係

$$\lim_{\Delta x \to 0} \frac{\Delta y}{\Delta x} = \frac{dy}{dx} = f'(x) = \tan\alpha$$

についていうと，上り坂では α が鋭角であって $\tan\alpha$ は正であり，下り坂では α が鈍角となって，$\tan\alpha$ は負になる．さらに曲線に変化がなく――曲線の微少部分がX軸と平行になる――導関数が0であるa′, c′, e′, g′, での原関数は**極小**または**極大**になり，

極小，極大
$$f'(x) = \tan\alpha = 0, \quad \therefore \quad \alpha = 0, \text{ または } \alpha = \pi$$

となるので，原関数のこの点に引いた接線はX軸と平行で水平線になる．

導関数　なお，**導関数** $f'(x)$ は x の関数であって，これを原関数として，その導関数 $f''(x)$ を
第2次導関数　求めることができる．これを**第2次導関数**といい，$f'(x)$ の変化の状況を表し，c′やg′の $f(x)$ の極大点では $f'(x)$ は減少しているので，$f''(x)$ の値は負であり，a′やe′の $f(x)$ の極小点では $f'(x)$ は増加しているので $f''(x)$ は正になる．このことから $f''(x)$ の正負で極大点か極小点かの判別のできることが理解されよう．また，図2・2のような
変曲点　**変曲点**でも $f'(x) = 0$ であって，$\alpha = 0$, または $\alpha = \pi$ になる．一般に接点を境界点として曲線が接線の反対側にあるときは，接線が水平でない場合でも変曲点という．

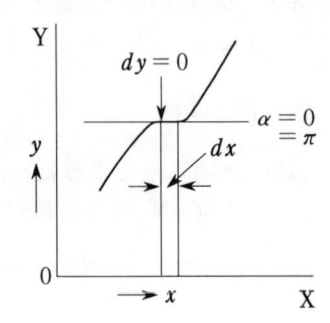

図2・2　変曲点

2 導関数と原関数

積分 このように，導関数$f'(x)$の曲線の状況から原関数$f(x)$の形状が推定できる．この$f'(x)$から$f(x)$を求める操作が**積分**であって，図2・1で$f(x)$をこのままの形で上にあげても下にさげても，その変化率には変わりがないから，$f'(x)$の曲線にも変わりがない．逆にいうと$f'(x)$より$f(x)$の形は分るが，その上下の位置が定まらないので，

積分定数 任意の定数kを加減して$f(x)\pm k$とせねばならない．このkが不定積分に出てくる**積分定数**で

$$\int f'(x)dx = f(x)\pm k \qquad k ; 積分定数 \tag{2・1}$$

ただし，$f(x)$を左または右にbだけ移すと$f'(x)$もこれに一致して左または右に移り

$$\int f'(x\pm b)dx = f(x\pm b)\pm k$$

の関係にある．

次に図2・3において，一つの曲線SPQとX軸との間につくる面積が $z=f(x)$ であると，この曲線の式yは，zの微分，すなわち$z=f(x)$だと

$$y = \frac{d}{dx}z = \frac{d}{dx}f(x) = f'(x) \tag{2・2}$$

となることを証明しよう．これは原関数$f(x)$と導関数$f'(x)$の間の重要な関係であり，また，積分とも関連する思想である．

今，X軸上にOM$=x$にとると，$z=$面積SPMO$=f(x)$であり，さらにX軸上にON$=x+\Delta x$をとると，面積SQNO$=f(x+\Delta x)$ に相当する．そこで，

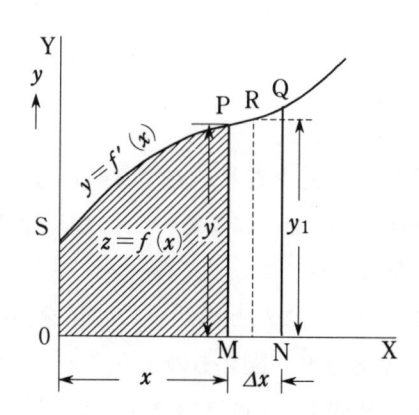

図2・3　$f'(x)=y \to f(x)=z$

$$y = f'(x) = \frac{d}{dx}z = \frac{d}{dx}f(x) = \lim_{\Delta x \to 0}\frac{f(x+\Delta x)-f(x)}{\Delta x} = \lim_{\Delta x \to 0}\frac{面積PQNM}{\Delta x}$$

このΔxをきわめて小さくとると，Δxの中央点でのyの値をy_1とすると，面積PQNMは，図上から明らかなように$y_1\Delta x$となり

$$y = f'(x) = \frac{d}{dx}z = \lim_{\Delta x \to 0}\frac{y_1\Delta x}{\Delta x} = \lim_{\Delta x \to 0}y_1$$

となり，Δxをかぎりなく0に接近させると，y_1はPM$=y$にかぎりなく接近し，その極限で

$$\lim_{\Delta x \to 0}y_1 = y = f'(x) = \frac{d}{dx}z = \frac{d}{dx}f(x)$$

― 11 ―

となる．すなわち，曲線とX軸との間の面積$z=f(x)$を微分したものが，その曲線の式yになり，逆に$y=f'(x)$なる曲線の式を積分すると，その**積分値**$z=f(x)$は，この曲線がX軸との間に作る面積になる．この関係は実用上の応用も広いから明確に理解しておかれたい．

次に，原関数$y=f(x)$を表す曲線上の微分dsと変数xの微分dxの間の関係は，次のように導関数を係数として定められることを証明しよう．いま，図2・4のように$y=f(x)$を示す曲線上に，ごく接近した2点PとQをとり，PR$=dx$，QR$=dy$，PQ$=ds$とすると，dsは直線とみなされ，△PQRは直角三角形になるので

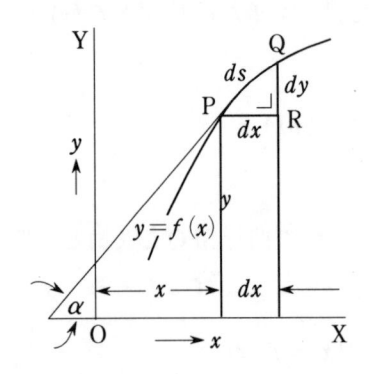

図2・4　dsとdxの関係

$$ds^2 = dx^2 + dy^2$$

$$\therefore \ ds = \sqrt{dx^2 + dy^2} = \sqrt{1 + \left(\frac{dy}{dx}\right)^2} \tag{2・3}$$

$$ds = \sqrt{1 + y'^2}\,dx$$

ただし，　$y' = f'(x) = \dfrac{dy}{dx}$

の関係がある．また∠QPR$=\alpha$とすると，$dx = ds\cos\alpha$，$dy = ds\sin\alpha$となるので，$dy/dx = (ds\sin\alpha)/(ds\cos\alpha) = \tan\alpha$になる．この関係は積分のところで**曲線の長さ**を求める場合の基本式になる．

なお，**関数の連続性**について，これと導関数の関係を説明しよう．

$y=f(x)$が$x=c$で連続であると，図2・5のように$x=c$の前後に$(c-\Delta x)$，$(c+\Delta x)$をとって$\Delta x \to 0$とした極限ではいずれも$f(c)$になる．すなわち

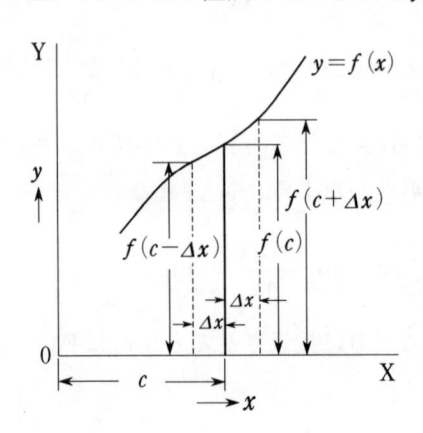

図2・5　関数の連続性

$$\lim_{\Delta x \to 0}(c-\Delta x) = \lim_{\Delta x \to 0}(c+\Delta x) = f(c)$$

2 導関数と原関数

であると $y=f(x)$ は $x=c$ で連続である．これを示すのに
$$f(c-0)=f(c+0)=f(c) \tag{2・4}$$
とも記する．

微分可能 さて，原関数 $y=f(x)$ が $x=c$ で**微分が可能**で，その点での導関数の値 $f'(c)$ が有限確定値を有する場合は

$$\lim_{\Delta x \to 0\pm}\{f(c+\Delta x)-f(c)\} = \lim_{\Delta x \to 0\pm}\left\{\frac{f(c+\Delta x)-f(c)}{\Delta x} \cdot \Delta x\right\}$$
$$= \lim_{\Delta x \to 0\pm}\frac{f(c+\Delta x)-f(c)}{\Delta x} \cdot \lim_{\Delta x \to 0\pm}\Delta x = f'(c)\lim_{\Delta x \to 0\pm}\Delta x = 0$$

となり結局は $\lim_{\Delta x \to \pm 0} f(c+\Delta x)=f(c)$ であって，$y=f(x)$ の $x=c$ で微分が可能なためには，$y=f(x)$ は $x=c$ で連続でなくてはならない．しかし，連続だから必ず微分が可能かというと，例えば，図2・6の (a)(b)(c) はともに原関数 $y=f(x)$ は連続関数であるが，導関数 $f'(x)$ 値が (a)(b) では $x=0$ において有限でない．また (c) では $x=c$ において確定しない．

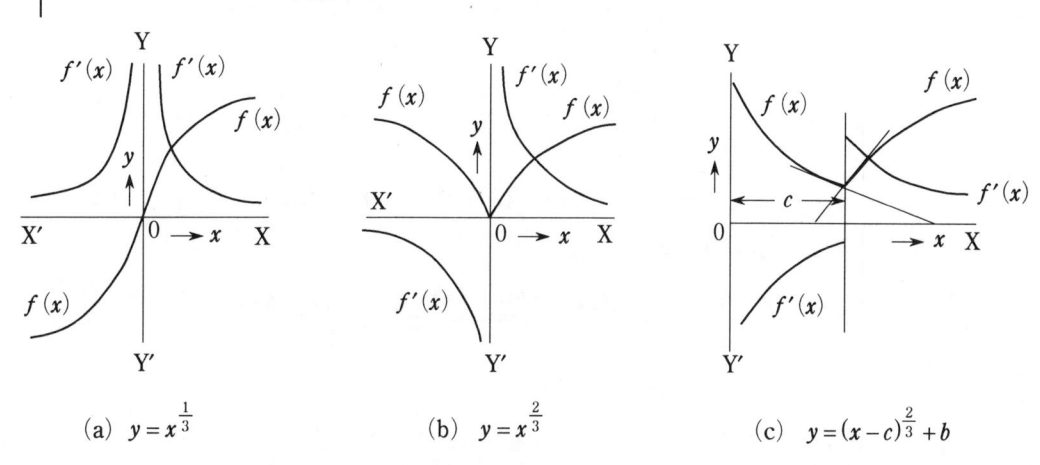

(a) $y=x^{\frac{1}{3}}$　　　(b) $y=x^{\frac{2}{3}}$　　　(c) $y=(x-c)^{\frac{2}{3}}+b$

図2・6　連続関数で微分の不可能な例

微分不可能 ゆえに，これらの点では**微分が不可能**である．また (a)(b) の $x=0$ で $f(x)$ に接線を引くとX軸に直角になり $\tan\alpha=\tan\pi/2=\pm\infty$ になり，(c) では左側からの接線と
角点 右側からの接線が一致せず，$f'(x)$ の値が二つになる．このような点を**角点**という．
左方微係数 この角点で両接線に相当する導関数の値を**左方微係数**および**右方微係数**と称する．
右方微係数　一般に微分が可能だというのは，この両者が共に存在して相等しい場合である．上述のようにある関数の微分が可能であるためには，関数は連続しなくてはならないが，連続だからといって微分が可能とかぎらない．したがって，関数の連続性と微分の可能性は切り離して，一応は無関係のものと考えねばならない．にもかかわらず一部の数学書は関数の連続性と微分の可能性の間には密接不離の関係があるように誤記しているから注意を要する．もっとも19世紀に入ってからでも，連続関数は孤立した点を除くと，微分が可能であることを証明しようと試みた数学者がいたが，ワイエルシュトラスは逆に至るところで微係数をもたない連続関数の例を作って，このような試みに終止符をうった．

3 関数の和(差)，積，商の微分法

3・1 関数の和(差)の微分法

連続関数　　変数xの関数$f(x)$と$g(x)$がともに1価の**連続関数**であると，その和（差）からなる$y=f(x)\pm g(x)$もまたxの連続関数である．そこでxの値がΔxだけ増加したとすると，

微係数　　$f(x)$は$f(x+\Delta x)$，$g(x)$は$g(x+\Delta x)$になる．従ってyの**微係数**は，その定義より

$$\frac{dy}{dx} = \lim_{\Delta x \to 0} \frac{f(x+\Delta x) \pm g(x+\Delta x) - \{f(x) \pm g(x)\}}{\Delta x}$$

$$= \lim_{\Delta x \to 0} \left\{ \frac{f(x+\Delta x) - f(x)}{\Delta x} \pm \frac{g(x+\Delta x) - g(x)}{\Delta x} \right\}$$

となるが，「幾つかの関数の和（差）の極限値は，各関数の極限値の和（差）に等しい」ので，上記は

$$\frac{dy}{dx} = \lim_{\Delta x \to 0} \frac{f(x+\Delta x) - f(x)}{\Delta x} \pm \lim_{\Delta x \to 0} \frac{g(x+\Delta x) - g(x)}{\Delta x}$$

$$= f'(x) \pm g'(x) \tag{3・1}$$

これは幾つの関数の和（差）においても成立し，

「幾つかの関数の代数和を微分するには，各関数の微係数の代数和をとればよい」

また，定数$y=a$はX軸と平行な直線になるので，その微係数は0である．従って，

「定数と関数の和を微分するには，定数は無視して関数だけの微係数を求めればよい」

3・2 関数の積の微分法

前節と同様に，変数xの関数$f(x)$および$g(x)$が1価の連続関数であると，その積からなる関数$y=f(x)\cdot g(x)$もまた，xの連続関数である．そこで，xの値がΔxだけ増加すると，$f(x)$，$g(x)$はそれぞれ$f(x+\Delta x)$，$g(x+\Delta x)$となる．故にyの微係数は

$$\frac{dy}{dx} = \lim_{\Delta x \to 0} \frac{f(x+\Delta x)g(x+\Delta x) - f(x)g(x)}{\Delta x}$$

$$= \lim_{\Delta x \to 0} \left\{ \frac{f(x+\Delta x)g(x+\Delta x) - g(x+\Delta x)f(x) + g(x+\Delta x)f(x) - f(x)g(x)}{\Delta x} \right\}$$

$$= \lim_{\Delta x \to 0}\left\{\frac{f(x+\Delta x)-f(x)}{\Delta x}g(x+\Delta x)+\frac{g(x+\Delta x)-g(x)}{\Delta x}f(x)\right\}$$

ところが,「積の極限は極限の積に等しい」ので,上記は

$$\frac{dy}{dx}=\lim_{\Delta x \to 0}\frac{f(x+\Delta x)-f(x)}{\Delta x}\lim_{\Delta x \to 0}g(x+\Delta x)+\lim_{\Delta x \to 0}\frac{g(x+\Delta x)-g(x)}{\Delta x}\lim_{\Delta x \to 0}f(x)$$
$$=f'(x)g(x)+g'(x)f(x) \tag{3・2}$$

関数の積 | となる.上記はxに関する二つの関数の積であったが,これがu, v, wと三つある場合 $y=uvw$ を微分するには uvwをまず$u\times(vw)$と考えて次のように行う.

$$y'=(uvw)'=\{u(vw)\}'=u'(vw)+(vw)'u$$
$$=u'vw+(v'w+w'v)u=u'vw+v'uw+w'uv \tag{3・3}$$

というようになり

「幾つかの関数の積を微分するには,そのうちの一つの関数だけを微分したものの和をとればよい」

例えば $y=x^n=x\times x\times x\times x\times\cdots\times x$ (n項).

と考えられ,そのうちの一つのxの微係数は

$$u'=\lim_{\Delta x \to 0}\frac{(x+\Delta x)-x}{\Delta x}=1$$

であって,他の積はx^{n-1}になり,この$(1\times x^{n-1})$がn項あるので

$$\frac{d}{dy}y=\frac{d}{dx}x^n=nx^{n-1} \quad (\text{重要}) \tag{3・4}$$

となり,例えば,x^6の微係数は$6x^5$になる.このことは,これから常に用いるので記憶しておかれたい.

注: $g(x)=a$と定数で$y=af(x)$のときは,定数の微係数は0で,$y'=af'(x)$になる.

3・3 関数の商の微分法

関数の商 | 同様に,変数xの関数$f(x)$および$g(x)$が1価の連続関数であると,その商からなる関数 $y=f(x)/g(x)$ ただし,$g(x)\neq 0$もまた連続関数であって,xの値がΔxだけ増すと$f(x)/g(x)$は$f(x+\Delta x)/g(x+\Delta x)$になり,$y$の微係数は

$$\frac{dy}{dx}=\lim_{\Delta x \to 0}\frac{\dfrac{f(x+\Delta x)}{g(x+\Delta x)}-\dfrac{f(x)}{g(x)}}{\Delta x}=\lim_{\Delta x \to 0}\frac{f(x+\Delta x)g(x)-f(x)g(x+\Delta x)}{\Delta x\{g(x+\Delta x)g(x)\}}$$
$$=\lim_{\Delta x \to 0}\frac{f(x+\Delta x)g(x)-f(x)g(x)+f(x)g(x)-f(x)g(x+\Delta x)}{\Delta x\{g(x+\Delta x)g(x)\}}$$
$$=\lim_{\Delta x \to 0}\left\{\frac{\dfrac{f(x+\Delta x)-f(x)}{\Delta x}g(x)-\dfrac{g(x+\Delta x)-g(x)}{\Delta x}f(x)}{g(x+\Delta x)g(x)}\right\}$$

となるが,「商の極限は極限の商に等しい」ので,上式は

2 導関数と原関数

$$\frac{dy}{dx} = \frac{\lim_{\Delta x \to 0}\frac{f(x+\Delta x)-f(x)}{\Delta x}\lim_{\Delta x \to 0}g(x)-\lim_{\Delta x \to 0}\frac{g(x+\Delta x)-g(x)}{\Delta x}\lim_{\Delta x \to 0}f(x)}{\lim_{\Delta x \to 0}g(x+\Delta x)\cdot\lim_{\Delta x \to 0}g(x)}$$

$$= \frac{f'(x)g(x)-g'(x)f(x)}{\{g(x)\}^2} \tag{3·5}$$

となるので

関数の商　「**関数の商**（分数形の関数）を微分するには，分母の2乗を分母とし，分子の微係数と分母の積から分母の微係数と分子の積を引いたものを分子とする分数を作ればよい」

ということになる．

上記の証明を次のように略記してもよい．$u=f(x)$, $v=g(x)$, $y=u/v$とし，xの値がΔxだけ増加したときのu, v, yの増分をそれぞれΔu, Δv, Δyとすると，$y+\Delta y$は$(u+\Delta u)/(v+\Delta v)$に等しく，

$$\Delta y = \frac{u+\Delta u}{v+\Delta v} - y = \frac{u+\Delta u}{v+\Delta v} - \frac{u}{v} = \frac{v\Delta u - u\Delta v}{v(v+\Delta v)}$$

この両辺をΔxで除して微係数を求めると，

$$y' = \frac{dy}{dx} = \lim_{\Delta x \to 0}\frac{\Delta y}{\Delta x} = \lim_{\Delta x \to 0}\frac{v\dfrac{\Delta u}{\Delta x} - u\dfrac{\Delta v}{\Delta x}}{v(v+\Delta v)} = \frac{vu' - v'u}{v^2}$$

と求められる．

例えば　$y = \dfrac{(x^2+1)(x+2)}{(x+3)}$ の $\dfrac{dy}{dx}$ を求めると

$$\frac{dy}{dx} = \frac{(x+3)\dfrac{d}{dx}(x^2+1)(x+2) - (x^2+1)(x+2)\dfrac{d}{dx}(x+3)}{(x+3)^2}$$

$$= \frac{(x+3)(3x^2+4x+1) - (x^2+1)(x+2)}{(x+3)^2} = \frac{2x^3+11x^2+12x+1}{(x+3)^2}$$

ただし，$\dfrac{d}{dx}(x^2+1)(x+2) = 2x(x+2) + 1\times(x^2+1) = 3x^2+4x+1$

4 その他の場合の微分法

4・1 関数の関数（合成関数）の微分法

関数の関数　　発電機の誘起起電力 E は界磁束 ϕ の関数であり，界磁束 ϕ は励磁電流 i の関数であるから，E は i の関数の関数であるという．また，コロナ損 p は空気密度 δ の関数であり，空気密度は気温 t の関数であるから p は t の関数の関数である．このように，y が変数 u の関数で $y=\varphi(u)$ であり，この u がまた変数 x の関数で $u=f(x)$ であるとき，

合成関数　　y は x の関数の関数であるといい，$y=\varphi\{f(x)\}$ と記し，これを**合成関数**という．

今，変数 x が Δx だけ増したときの u の増分を Δu とすると，

$$\frac{du}{dx}=\lim_{\Delta x\to 0}\frac{\Delta u}{\Delta x}=f'(x)$$

この $f'(x)$ なる極限に達しない状態での $\Delta u/\Delta x$ は，ε を任意に小さな数とすると，

$$\frac{\Delta u}{\Delta x}=f'(x)+\varepsilon,\quad \Delta u=\{f'(x)+\varepsilon\}\Delta x \tag{1}$$

ただし，$\Delta x\to 0$ で $\varepsilon\to 0$ になる．

になり，次に u が Δu だけ変化したときの y の増分を Δy とすると，$\Delta x\to 0$ で $\Delta u\to 0$ であるから

$$\frac{dy}{du}=\lim_{\Delta x\to 0}\frac{\Delta y}{\Delta u}=\varphi'(u)$$

前と同様に $\varphi'(u)$ なる極限に達しない状態での $\Delta y/\Delta u$ は，δ を任意に小さな数とすると

$$\frac{\Delta y}{\Delta u}=\varphi'(u)+\delta,\quad \Delta y=\{\varphi'(u)+\delta\}\Delta u \tag{2}$$

ただし，$\Delta x\to 0$ $\Delta u\to 0$ で $\delta\to 0$ になる．

この(2)式の Δu に(1)式の値を代入すると

$$\Delta y=\{\varphi'(u)+\delta\}\{f'(x)+\varepsilon\}\Delta x$$

$$\therefore\ \frac{\Delta y}{\Delta x}=\varphi'(u)f'(x)+\varepsilon\varphi'(u)+\delta f'(x)+\delta\varepsilon$$

微係数の定義　　**微係数の定義**より　$\displaystyle\frac{dy}{dx}=\lim_{\Delta x\to 0}\frac{\Delta y}{\Delta x}=\varphi'(u)f'(x)=\frac{dy}{du}\cdot\frac{du}{dx}$ 　　　(4・1)

ただし，上述のように $\Delta x\to 0$ で $\varepsilon\to 0$，$\delta\to 0$ で上式の第2項以下は消失する．

4 その他の場合の微分法

また、これを既述したように、y の微分を dy, u の微分を du, x の微分を dx と考えて dy/du, du/dx を分数とみると、第1項の分母と第2項の分子が約されて、右辺は自ら左辺に等しくなる。すなわち

「$y = \varphi(u) = \varphi\{f(x)\}$ を微分するには、$f(x)$ を x について微分した $f'(x)$ と、$\varphi(u)$ を u について微分した $\varphi'(u)$ の積をとればよい」

関数の関数の関数 なお、上記は関数の関数であったが、関数の関数の関数でも、さらにそれ以上の関数の関数の関数の…関数でも成立する。すなわち、

$$y = \varphi_1(u_1),\ u_1 = \varphi_2(u_2),\ u_2 = \varphi_3(u_3),\ \cdots,\ u_n = f(x)$$

とすると

$$\frac{dy}{dx} = \frac{dy}{du_1} \cdot \frac{du_1}{du_2} \cdot \frac{du_2}{du_3} \cdots\cdots \frac{du_{n-1}}{du_n} \cdot \frac{du_n}{dx} \tag{4・2}$$

合成関数の微分法 として求めることができる。この**合成関数の微分法**は、ちょっと複雑な形の関数の微分計算には常套手法として用いられるものであり、計算の練習にもなるので、ここで二、三の実例を解いてみよう。

〔例1〕 $y = (2x^2 + 1)^5$ の微係数を求めるには、$u = 2x^2 + 1$ とおくと、$y = u^5$ となり

$$\frac{dy}{dx} = \frac{dy}{du} \cdot \frac{du}{dx} = 5u^4 \cdot (4x) = 20x(2x^2+1)^4$$

〔例2〕 $y = \sqrt{(x+a)(x+b)}$ の微係数を求めるには、$u = (x+a)(x+b)$ とおくと $y = u^{\frac{1}{2}}$ となり、

$$\frac{du}{dx} = (x+b)\frac{d}{dx}(x+a) + (x+a)\frac{d}{dx}(x+b) = 2x + a + b$$

$$\frac{dy}{du} = \frac{d}{du}u^{\frac{1}{2}} = \frac{1}{2}u^{\frac{1}{2}-1} = \frac{1}{2}u^{-\frac{1}{2}} = \frac{1}{2\sqrt{u}}$$

$$\therefore\ \frac{dy}{dx} = \frac{dy}{du} \cdot \frac{du}{dx} = \frac{2x+a+b}{2\sqrt{u}} = \frac{2x+a+b}{2\sqrt{(x+a)(x+b)}}$$

〔例3〕 $y = \dfrac{x}{\sqrt{a-bx^2}}$ の微係数を求めるには

$$\frac{dy}{dx} = \frac{\sqrt{a-bx^2}\dfrac{d}{dx}x - x\dfrac{d}{dx}\sqrt{a-bx^2}}{\left(\sqrt{a-bx^2}\right)^2}$$

となるが、ここで $\dfrac{d}{dx}\sqrt{a-bx^2}$ を求めるのに、$u = a - bx^2$ とおくと $u = v^{\frac{1}{2}}$ となり、

$$\frac{du}{dx} = \frac{du}{dv} \cdot \frac{dv}{dx} = \frac{1}{2\sqrt{v}}(-2bx) = \frac{-bx}{\sqrt{a-bx^2}}$$

これを前式に代入すると

$$\frac{dy}{dx} = \frac{\sqrt{a-bx^2} + \dfrac{bx^2}{\sqrt{a-bx^2}}}{(a-bx^2)} = \frac{a}{(a-bx^2)^{\frac{3}{2}}}$$

〔例 4〕 $y = \left(a + \dfrac{b}{1+\sqrt{x}}\right)^3$ の微係数を求めるには，$v = 1 + \sqrt{x}$ とおくと，$u = a + \dfrac{b}{v}$ および $y = u^3$ となり

$$\frac{dy}{dx} = \frac{dy}{du} \cdot \frac{du}{dv} \cdot \frac{dv}{dx} = 3u^2\left(-\frac{b}{v^2}\right)\left(\frac{1}{2\sqrt{x}}\right)$$

$$= \frac{-3b}{2\sqrt{x}\left(1+\sqrt{x}\right)^2}\left(a + \frac{b}{1+\sqrt{x}}\right)^2$$

ただし，$\quad \dfrac{dv}{dx} = \dfrac{d}{dx}\left(1 + x^{\frac{1}{2}}\right) = \dfrac{1}{2}x^{-\frac{1}{2}} = \dfrac{1}{2\sqrt{x}}$

$$\frac{du}{dv} = \frac{d}{dx}(a + bv^{-1}) = -bv^{-2} = \frac{-b}{v^2}$$

注： この合成関数の微分法を用いると積の微分公式から商の微分公式が求められる．すなわち

$$\frac{d}{dx}\frac{u}{v} = \frac{d}{dx}uv^{-1} = v^{-1}\frac{du}{dx} + u\frac{dv^{-1}}{dv}\cdot\frac{dv}{dx} = \frac{u'}{v} - u\frac{1}{v^2}v' = \frac{u'v - uv'}{v^2}$$

4·2　逆関数の微分法

電解液に電流 I を通じたとき，電解量 W が I の関数になるなら，逆に I は W の関数であって，W の大きさによって I を知ることができる．また，被照面上の照度 E が光源の光度 I の関数なら，逆に I は E の関数として表すことができる．このように y が x の関数であるなら，逆に x は y の関数になる．これをもとの関数の**逆関数**または**反関数**という．

逆関数
反関数

例えば，$y = f(x)$ の逆関数は $x = \varphi(y)$ であり，この微係数 dx/dy を求めるには，$dy/dx = \lim_{\Delta x \to 0} \Delta y/\Delta x = f'(x)$ が存在し，かつ，その値は零でないと仮定すると，前節で説明したように

$$\frac{\Delta y}{\Delta x} = f'(x) + \varepsilon, \quad \text{ただし } \Delta x \to 0 \text{ で } \varepsilon \to 0, \ \Delta y \to 0$$

$$\therefore \ \frac{dx}{dy} = \lim_{\Delta y \to 0}\frac{\Delta x}{\Delta y} = \lim_{\Delta y \to 0}\frac{1}{\dfrac{\Delta y}{\Delta x}} = \frac{1}{\lim_{\Delta x \to 0}\dfrac{\Delta y}{\Delta x}} = \frac{1}{\lim_{\Delta x \to 0}\{f'(x)+\varepsilon\}}$$

$$= \frac{1}{f'(x)} = \frac{1}{\dfrac{dy}{dx}} \tag{4·3}$$

あるいは，$x=\varphi(y)$ の両辺をxについて微分すると

$$\frac{d}{dx}x = \frac{d}{dx}\varphi(y) = \frac{d\varphi(y)}{dy}\cdot\frac{dy}{dx}$$

$$1 = \frac{dx}{dy}\cdot\frac{dy}{dx} \quad \therefore \quad \frac{dx}{dy} = \frac{1}{\dfrac{dy}{dx}}$$

微分商 としても求められるが，dx/dyを**微分商**と考え，分数の形と受取るなら，当然のことになる．すなわち，

逆関数の微分 「**逆関数を微分するには，もとの関数の微係数の逆数をとればよい**」

この関係を用いて，$y=x^{\frac{1}{n}}$の微係数は，$y=x^n$の場合と同様に考えて $y=\dfrac{1}{n}x^{\frac{1}{n}-1}$ としてよいことを証明しよう．

$y=x^{\frac{1}{n}}$ なら $x=y^n$ で $\dfrac{dx}{dy}=ny^{n-1}$ になる．

$$\therefore \quad \frac{dy}{dx} = \frac{1}{\dfrac{dx}{dy}} = \frac{1}{ny^{n-1}} = \frac{1}{n\left(x^{\frac{1}{n}}\right)^{n-1}} = \frac{1}{nx^{1-\frac{1}{n}}} = \frac{1}{n}x^{\frac{1}{n}-1}$$

あるいは，n，mを整数として $y=x^{\frac{m}{n}}$ の微係数を求めるには，$u=x^{\frac{1}{n}}$ とおくと $y=u^m$ となり

$$\frac{dy}{dx} = \frac{dy}{du}\cdot\frac{du}{dx} = mu^{m-1}\cdot\frac{1}{n}x^{\frac{1}{n}-1} = m\left(x^{\frac{1}{n}}\right)^{m-1}\cdot\frac{1}{n}x^{\frac{1}{n}-1}$$

$$= \frac{m}{n}x^{\frac{m-1+1-n}{n}} = \frac{m}{n}x^{\frac{m}{n}-1}$$

4·3 媒介変数による微分法

交流電圧eが時間tの関数で$e=f(t)$で表され，同電流iも時間tの関数で$i=\varphi(t)$ で示されるなら，両式からtを消去してeとiの関係式がえられるので，eはiの関数である．また，架空電線の1径間の実長Lが径間sの関数で$L=g(s)$であり，弛度Dもsの関数で$D=\Psi(s)$で表されると，両式からsを消去してLとDの関係式がえられるので，LはDの関数である．

媒介変数 このような場合，tやsを**媒介変数**という．

一般に$y=f(t)$，$x=\varphi(t)$において，tを消去して，$y=F(x)$として(dy/dx)を求めることもできるが，このままの形で媒介変数を用いて(dy/dx)を求めることができる．ただし，この場合$f'(t)$も$\varphi'(t)$も共に存在し，零でないとする．

さて，$x=\varphi(t)$であるからtはxの関数（逆関数）であり，yはtの関数だから，yはxの関数の関数になり

$$\frac{dy}{dx} = \frac{dy}{dt} \cdot \frac{dt}{dx} = \frac{dy}{dt} \cdot \frac{1}{\frac{dx}{dt}} = \frac{f'(t)}{\varphi'(t)} \qquad (4\cdot 4)$$

あるいはまた，$\Delta t \to 0$ で $\Delta x \to 0$ となるので

$$\frac{dy}{dx} = \lim_{\Delta x \to 0} \frac{\Delta y}{\Delta x} = \lim_{\Delta t \to 0} \frac{\frac{\Delta y}{\Delta t}}{\frac{\Delta x}{\Delta t}} = \frac{\lim_{\Delta t \to 0} \frac{\Delta y}{\Delta t}}{\lim_{\Delta t \to 0} \frac{\Delta x}{\Delta t}} = \frac{\frac{dy}{dt}}{\frac{dx}{dt}} = \frac{f'(t)}{\varphi'(t)}$$

故に，媒介変数で表された関数を微分するには

「それぞれを媒介変数で微分して，その比をとればよい」

例えば $x = 2t^3 - 1$, $y = \sqrt{t^2 + 1}$ の $\dfrac{dy}{dx}$ は，

$$\frac{dx}{dt} = 6t^2, \quad \frac{dy}{dt} = \frac{d\sqrt{t^2+1}}{d(t^2+1)} \cdot \frac{d(t^2+1)}{dt} = \frac{2t}{2\sqrt{t^2+1}}$$

$$\frac{dy}{dx} = \frac{dy/dt}{dx/dt} = \frac{t}{\sqrt{t^2+1}} \times \frac{1}{6t^2} = \frac{1}{6t\sqrt{t^2+1}}$$

4・4　陰関数の微分法

$f(x, y) = 0$ の形，例えば $x^2 + y^2 - c = 0$ とか $ax^3 - bxy + cy^3 = 0$ のような形で表されたとき，y は x の**陰関数**である．この場合の微分法は，例えば前例では

$$x^2 + y^2 - c = 0 \quad \text{より} \quad y = \pm\sqrt{c - x^2}$$

と容易に $y = f(x)$ の形に直されるので，今までに述べた方法で微係数が求められる．

ところが後例の $ax^3 - bxy + cy^3 = 0$ は $y = f(x)$ の形に直すことが困難である．このような場合は，y は x の関数で，y の関数である bxy や cy^3 は x の関数の関数であると考えて，次のように微分する．

$$\frac{d}{dx}ax^3 - \frac{d}{dx}bxy + \frac{d}{dx}cy^3 = \frac{d}{dx}0 = 0$$

ところで $\dfrac{d}{dx}ax^3 = a\dfrac{d}{dx}x^3 = 3ax^2$

$$\frac{d}{dx}bxy = b\frac{d}{dx}(xy) = b\left(y\frac{dx}{dx} + x\frac{dy}{dx}\right) = by + bx\frac{dy}{dx}$$

$$\frac{d}{dx}cy^3 = c\frac{d}{dx}y^3 = c\frac{dy^3}{dy} \cdot \frac{dy}{dx} = 3cy^2\frac{dy}{dx}$$

従って原式は $3ax^2 - by - bx\dfrac{dy}{dx} + 3cy^2\dfrac{dy}{dx} = 0$

4 その他の場合の微分法

$$\therefore \frac{dy}{dx} = \frac{by - 3ax^2}{3cy^2 - bx}$$

陰関数の微分法　なお，この**陰関数の微分法**には，今一つの方法がある．その詳細は偏微分の応用のところで述べるが，$f(x, y) = 0$において，まず，yを定数とみなしてxのみについて微分したものを，$f_x(x, y)$とおき，次にxを定数とみなしてyのみについて微分したものを，$f_y(x, y)$とおくと

$$\text{原関数の微分}\quad \frac{dy}{dx} = -\frac{f_x(x,y)}{f_y(x,y)} \tag{4·5}$$

になる．例えば前例では

$$f_x(x,y) = \frac{\partial}{\partial x}(ax^3 - bxy + cy^3) = 3ax^2 - by$$

$$f_y(x,y) = \frac{\partial}{\partial y}(ax^3 - bxy + cy^3) = -bx + 3cy^2$$

$$\therefore \frac{dy}{dx} = -\frac{f_x(x,y)}{f_y(x,y)} = \frac{by - 3ax^2}{3cy^2 - bx}$$

となって前と同じ結果になる．今，1例をあげると，

例えば $x^3 - 3x^2y^2 + y^3 = 0$ の微係数を求めるには

$$\frac{d}{dx}x^3 - 3\frac{d}{dx}(x^2y^2) + \frac{d}{dx}y^3 = \frac{d}{dx}0 = 0$$

ここで，$\dfrac{d}{dx}(x^2y^2) = y^2\dfrac{dx^2}{dx} + x^2\dfrac{dy^2}{dy}\dfrac{dy}{dx} = 2xy^2 + 2x^2y\dfrac{dy}{dx}$

$$\frac{d}{dx}y^3 = \frac{dy^3}{dy}\cdot\frac{dy}{dx} = 3y^2\frac{dy}{dx}$$

これらを原式に入れると，

$$3x^2 - 6xy^2 - 6x^2y\frac{dy}{dx} + 3y^2\frac{dy}{dx} = 0$$

$$\therefore \frac{dy}{dx} = \frac{6xy^2 - 3x^2}{3y^2 - 6x^2y} = \frac{x(2y^2 - x)}{y(y - 2x^2)}$$

偏微分　これに**偏微分**の方法を用いると，

$$f_x(x, y) = 3x^2 - 6xy^2,\quad f_y(x, y) = -6x^2y + 3y^2$$

$$\therefore \frac{dy}{dx} = -\frac{f_x(x,y)}{f_y(x,y)} = \frac{6xy^2 - 3x^2}{3y^2 - 6x^2y} = \frac{x(2y^2 - x)}{y(y - 2x^2)}$$

となって，前に求めた結果と一致する．これらの例からも明らかなように，陰関数の微分計算は偏微分の方法を用いる方が簡便である．

5 基本初等関数の微係数と対数微分法

5・1 代数関数の微係数

初等関数
代数関数
初等超越関数

既述したように**初等関数**とは，有理整関数，有理分数関数，無理関数からなる**代数関数**と，三角関数，逆三角関数，指数関数，対数関数などからなる**初等超越関数**をいい，これらが$y=ax^n$, $y=b\sin\theta$とか，$y=c\varepsilon^x$などのように集合された関数としてでなく表された場合を，ここでは基本初等関数と称することにした．これらの初等関数は孤立した特別な点，例えば$y=\tan\theta$の$\theta=\pi/2$のような点を除くと定義域のすべての点で微係数を有する．この基本初等関数の微係数を明確に記憶しておくと，これらによって集合された関数の微係数は前述した第3章および第4章の手法を用いて求められる．

さて，代数関数の一般的な形としての

$$y=ax^n \text{ の } \frac{dy}{dx}=anx^{n-1}$$

$$y=ax^{\frac{n}{m}} \text{ の } \frac{dy}{dx}=a\frac{n}{m}x^{\frac{n}{m}-1} \tag{5・1}$$

となることは既に求めたが，ここでもう一度，別の方法で求めてみよう．

微係数 この$y=ax^n$の微係数はその定義より

$$y'=\frac{d}{dx}ax^n=a\lim_{\Delta x\to 0}\frac{(x+\Delta x)^n-x^n}{\Delta x}$$

として求められるが，既に説明したように

$$\lim_{h\to 0}\frac{(x+h)^n-x^n}{h}=nx^{n-1}$$

となり，これはnが整数のとき，nが1より小さい整数で$n=p/q$なる分数のとき，nが負の整数または分数のとき，nが0のとき，nが無理数のときの何れでも成立した．このhをΔxにおきかえると前式と一致して

$$y'=\frac{d}{dx}ax^n=a\lim_{\Delta x\to 0}\frac{(x+\Delta x)^n-x^n}{\Delta x}=anx^{n-1}$$

となり，このことは上記したnのいかなる値でも成立する．例えば，鉄損yが周波数xに関し

$$y=ax+bx^2. \text{ ただし，} a, b \text{は定数}$$

で表されるとしたとき，周波数xの変化に対する鉄損の変化の割合は

-23-

5 基本初等関数の微係数と対数微分法

$$y' = \frac{dy}{dx} = a\frac{d}{dx}x + b\frac{d}{dx}x^2 = a + 2bx$$

となり、この y と y' を図示すると図5·1のようになる。図から明らかなように導関数 y' も変数 x の関数となり、この y' は y の x の各値での変化率を示していて、例えば $x = k$ では

関数の値 = PR = $ak + bk^2$

導関数の値 = QR = $a + 2bk$

変化率
微係数

であって、QRは $x = k$ での y の変化率（曲線傾斜の度合）であり、$x = k$ のP点での原関数の**微係数**であり、これを

$$\left(\frac{dy}{dx}\right)_{x=k} \quad \text{または} \quad y'_{x=k} \quad \text{などと記する.}$$

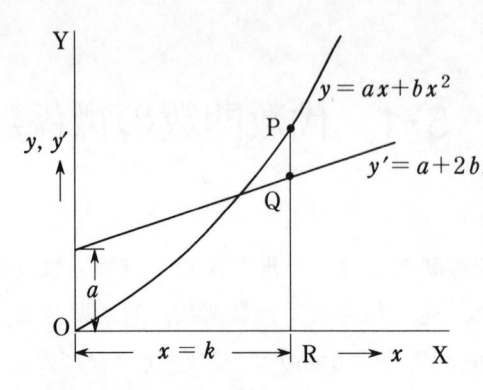

図5·1　周波数と鉄損

5·2　三角関数の微係数

三角関数の
微係数

まず、$y = \sin\theta$ の微係数を考えると、その定義より

$$y' = \frac{d}{d\theta}\sin\theta = \lim_{\Delta\theta \to 0}\frac{\sin(\theta + \Delta\theta) - \sin\theta}{\Delta\theta}$$

$\sin\theta$ の微係数

となる。これを半径1の円を描いて表すと図5·2のようになり、図上から明らかなように、

$$\Delta y = \sin(\theta + \Delta\theta) - \sin\theta = QB - PA = QR$$

円の接線

となり、$\Delta\theta$ は $\overset{\frown}{QP}$ に相当するが、$\Delta\theta \to 0$ とすると $\overset{\frown}{QP} \to \overline{QP}$ になり、QPはP点での円の接線になるので、QP⊥OPまたQB⊥OBだから∠PQR = ∠POB = θ になる。そこで、

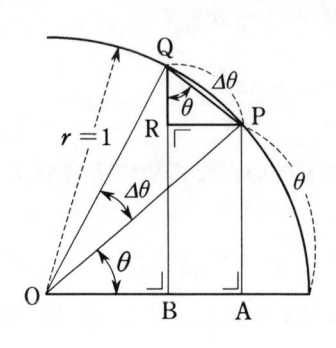

図5·2　$\sin\theta$, $\cos\theta$ の微係数

5・2 三角関数の微係数

$$y' = \frac{d}{d\theta}\sin\theta = \lim_{\Delta\theta\to 0}\frac{\Delta y}{\Delta\theta} = \frac{\mathrm{QR}}{\mathrm{QP}} = \cos\theta \tag{5・2}$$

$\cos\theta$の微係数 になる．同様に $y = \cos\theta$ の微係数は

$$y' = \frac{d}{d\theta}\cos\theta = \lim_{\Delta\theta\to 0}\frac{\mathrm{OB}-\mathrm{OA}}{\widehat{\mathrm{QP}}} = \frac{-\mathrm{AB}}{\mathrm{QP}} = -\frac{\mathrm{PR}}{\mathrm{QP}} = -\sin\theta \tag{5・3}$$

また，y'の式に三角学の公式 $\sin A - \sin B = 2\cos\dfrac{A+B}{2}\cdot\sin\dfrac{A-B}{2}$ を用いると，

$$\Delta y = \sin(\theta+\Delta\theta)-\sin\theta = 2\cos\frac{2\theta+\Delta\theta}{2}\cdot\sin\frac{\Delta\theta}{2}$$

$$\frac{\Delta y}{\Delta\theta} = \cos\left(\theta+\frac{\Delta\theta}{2}\right)\cdot 2\frac{\sin(\Delta\theta/2)}{\Delta\theta} = \cos\left(\theta+\frac{\Delta\theta}{2}\right)\frac{\sin(\Delta\theta/2)}{\Delta\theta/2}$$

$$\lim_{\Delta\theta\to 0}\frac{\Delta y}{\Delta\theta} = \lim_{\Delta\theta\to 0}\cos\left(\theta+\frac{\Delta\theta}{2}\right)\lim_{\Delta\theta\to 0}\frac{\sin(\Delta\theta/2)}{\Delta\theta/2}$$

となり，右辺の第1項は $\Delta\theta\to 0$ で $\cos\theta$ になり，第2項は $\Delta\theta\to 0$ で $\Delta\theta/2\to 0$ となり，$\lim_{\Delta\theta\to 0}(\sin\theta)/\theta = 1$ と同形で1になるので，$y' = \lim_{\Delta\theta\to 0}\Delta y/\Delta\theta = \cos\theta$ になる．

$y = \cos\theta$ についても，これと同一要領で $y' = -\sin\theta$ が求められるが，$y = \cos\theta = \sqrt{1-\sin^2\theta}$ からも次のように求められる．

$$\frac{d}{d\theta}\cos\theta = \frac{d(1-\sin^2\theta)^{\frac{1}{2}}}{d(1-\sin^2\theta)}\cdot\frac{d(1-\sin^2\theta)}{d\sin\theta}\cdot\frac{d\sin\theta}{d\theta}$$

$$= \frac{1}{2\sqrt{1-\sin^2\theta}}\cdot(-2\sin^2\theta)\cdot\cos\theta$$

$$= \frac{-2\sin\theta}{2\cos\theta}\cdot\cos\theta = -\sin\theta$$

$\tan\theta$の微係数 同様に $y = \cos\theta = \sin(\pi/2-\theta)$ の関係からも求められる．次に $y = \tan\theta$ の微係数は，上記の要領で三角学の公式（$\tan A - \tan B$）を用いて求められるが，$\tan\theta = \sin\theta/\cos\theta$ を用いて下記のようにも求められる．

$$\frac{d}{d\theta}\tan\theta = \frac{d}{d\theta}\frac{\sin\theta}{\cos\theta} = \frac{\cos\theta\dfrac{d}{d\theta}\sin\theta - \sin\theta\dfrac{d}{d\theta}\cos\theta}{\cos^2\theta}$$

$$= \frac{\cos^2\theta+\sin^2\theta}{\cos^2\theta} = \frac{1}{\cos^2\theta} \tag{5・4}$$

他の三角関数も同様で，上記の関係を用いて

$$\frac{d}{d\theta}\operatorname{cosec}\theta = \frac{d}{d\theta}\frac{1}{\sin\theta} = \frac{0-\cos\theta}{\sin^2\theta} = -\operatorname{cosec}\theta\cot\theta \tag{5・5}$$

$$\frac{d}{d\theta}\sec\theta = \frac{d}{d\theta}\frac{1}{\cos\theta} = \frac{0+\sin\theta}{\cos^2\theta} = \sec\theta\tan\theta \tag{5・6}$$

$$\frac{d}{d\theta}\cot\theta = \frac{d}{d\theta}\frac{1}{\tan\theta} = \frac{0-1/\cos^2\theta}{\tan^2\theta} = -\frac{1}{\sin^2\theta} = -\operatorname{cosec}^2\theta \tag{5・7}$$

のように求められる．

さて，図5・3は交流電気工学と関係の深い $y = \sin\theta$ とその導関数 $y' = dy/d\theta = \cos\theta$

の関係を示したもので，$\theta=0$ では $y'=\cos 0 =1$．$\tan\alpha=y'=1$．$\alpha=45°$ となり，この α は原点での $y=\sin\theta$ への接線とX軸のなす角である．この $\theta=0$ から $\theta=\pi/2$ までは，θ の増加 $\Delta\theta$ に対する y の変分 Δy も正の値で増加し，y' は正であるが，y' は $\theta=\pi/2$ に近づくほど小さくなり，$\theta=\pi/2$ では $y'=\cos(\pi/2)=0$，$\tan\alpha=y'=0$，$\alpha=0°$

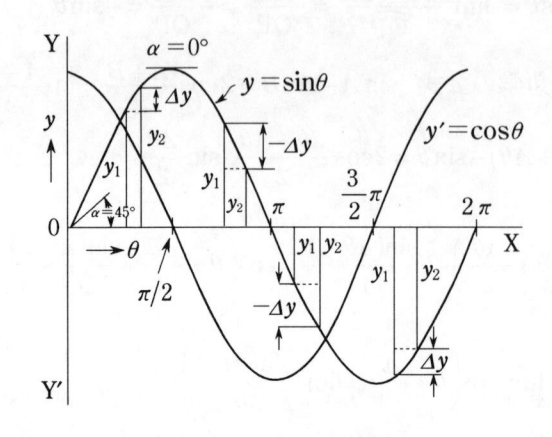

図 5·3　正弦曲線とその導関数

になって，この点での y の接線はX軸と平行になる．このことは図 5·4 のように $y=\sin\theta$ の $\Delta\theta$ を相等しくとり等間隔に分つと，図の P_1, P_2, ……, P_6 の**平均変化率**は Δy_1, Δy_2 …… Δy_6 であり，この値が θ の増加とともに次第に減少していることが明らかに分る．

平均変化率

次に θ が $\pi/2$ から π に変化して行くと，θ の増加 $\Delta\theta$ に対し，Δy は $y_2-y_1=-\Delta y$ となり y' は負値で，その絶対値は前と反対に次第に大きくなり，$\theta=\pi$ で $y'=\cos\pi=-1$ になる．次いで θ が π から $3\pi/2$ の間は，θ の増加 $\Delta\theta$ に対して，y の変分は $-y_2-(-y_1)=|y_1|-|y_2|=-\Delta y$（$-5$ から -3 を引くと -2）となるので y' は

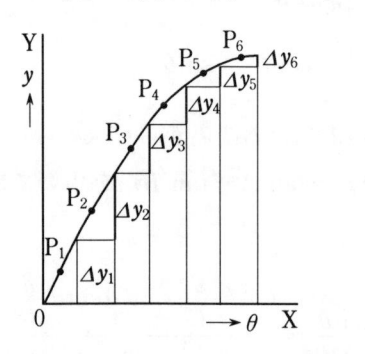

図 5·4　y' の大きさ（$0\sim\pi/2$）

負値で，その絶対値は次第に小さくなり，$\theta=3\pi/2$ で $y'=\cos(3\pi/2)=0$ になる．さらに θ が $3\pi/2$ から 2π の間は，θ の増加 $\Delta\theta$ に対して，y の変分は $-y_2-(-y_1)=|y_1|-|y_2|=+\Delta y$（$-3$ から -5 を引くと $+2$）となって，y' の値は正で，その絶対値は次第に大きくなり，$\theta=2\pi$ で $y'=\cos 2\pi=1$ になる．

今，磁束 ϕ が時間に対し正弦波となり $\phi=\phi_m\sin\omega t$，ただし，$\omega=2\pi f$, f；周波数，としたとき，この磁束によって切られる導体に生ずる**誘導起電力** e は磁束の変化の割合に比例するので，図 5·3 の太線の Δy に比例し，

誘導起電力

$$e=-N\frac{d\phi}{dt}\,[\mathrm{V}] \qquad N；導体の巻回数 \quad \phi；磁束 [\mathrm{Wb}]（ウェーバ）$$

右ネジの法則

ただし，磁束の方向に対し**右ネジの法則**に従う起電力の方向を正とすると，e はその反対方向に生ずるので負号を付する．

となるので

5・2 三角関数の微係数

$$e = -N\frac{d}{dt}\phi_m \sin\omega t = -N\phi_m \frac{d\sin\omega t}{d\omega t}\cdot\frac{d\omega t}{dt}$$

$$= -\omega N\phi_m \cos\omega t = 2\pi f N\phi_m \sin(\omega t - \pi/2) \tag{5・8}$$

ただし，$\cos\omega t = -\sin(\omega t - \pi/2)$

最大値
実効値 この式で電圧の**最大値**をE_m，**実効値**をEとすると

$$E_m = \sqrt{2}\,E = 2\pi f N\phi_m \quad \therefore\ \phi_m = \frac{\sqrt{2}\,E}{2\pi f N}\ [\text{Wb}] \tag{5・9}$$

これは，変圧器などで実効電圧Eをうるための所要磁束を求める基本式になる．

また，自己インダクタンスがLヘンリーの回路に正弦波交流電流$i = I_m \sin\omega t$を流したとき，——Lヘンリーというのは，この回路の電流の変化が毎秒1アンペアであるとき，Lボルトの**自己誘導電圧**を生ずることを意味するので——

自己誘導電圧

自己誘導電圧　$e_L = -L\times($電流の時間的変化$) = -L\dfrac{d}{dt}I_m \sin\omega t$

逆起電力
ただし，Lの前の負号は$L(di/dt)$なる誘導電圧は電流iの変化を妨げる**逆起電力**になるので付されている．

$$\therefore\ e_L = -\omega L I_m \cos\omega t = 2\pi f L I_m \sin(\omega t - \pi/2) \tag{5・10}$$

この逆起電力を打ち消して電流iを流しつづけるためには，これを打ち消す，すなわち，これと$180° = \pi$の相差を有する供給電圧 $e = 2\pi f L I_m \sin(\omega t + \pi/2)$ を加える．

図5・3でiをyとすると，eはy'のようになる．なお，上式を実効値で表すには$E_m = 2\pi f L I_m$の両辺を$\sqrt{2}$で除して$E = 2\pi f L I$とする．

さて，$y = \tan\theta$とその導関数$y' = 1/\cos^2\theta$をグラフに描くと，**図5・5**のようになって，y'の値が零になるところはなく，最小で1であり，θが$\pi/2$，$3\pi/2$などではy'は無限大となり，$y = \tan\theta$はこの点では有限確定の微係数を有しない．

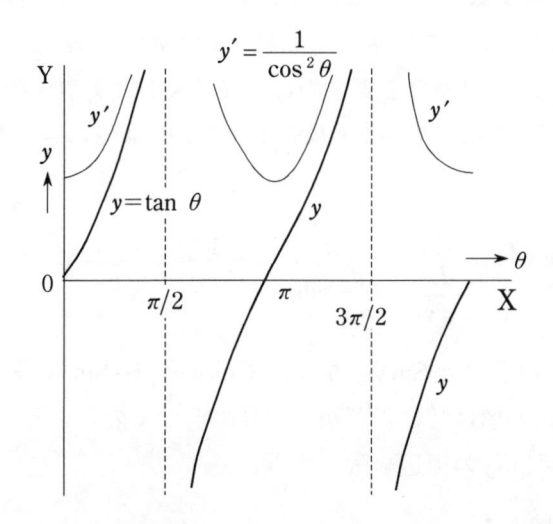

図5・5　$y = \tan\theta$とその導関数

なお，くりかえし述べたように，微分と積分は逆算関係にあって，ある関数yを微分したものがy'ならy'を積分したものは元の関数のyになる．すなわち

$$\frac{d}{dx}y = y',\quad dy = y'dx,\quad \int y'dx = \int dy = y$$

例えば $\dfrac{d}{dx}ax^n = anx^{n-1}$

$$\int anx^{n-1}dx = ax^n$$

この式で $an=b$, $n-1=m$ とおくと, $n=m+1$, $a=b/n=b/(m+1)$ になるので, 上式は

$$\int bx^m dx = \dfrac{b}{m+1}x^{m+1}+k \qquad k ; 積分定数 \tag{5・11}$$

ただし, k を任意の定数とすると, $y=ax^n+k$ を微分しても, 前と同じく $y'=anx^{n-1}$ になるので, 一応原関数にはこの定数がついているものとする.

三角関数の積分 | **三角関数**の場合も全く同様で

$$\left.\begin{array}{l} \dfrac{d}{d\theta}\sin\theta = \cos\theta, \quad \int\cos\theta d\theta = \sin\theta \\[6pt] \dfrac{d}{d\theta}\cos\theta = -\sin\theta, \quad \int\sin\theta d\theta = -\cos\theta \\[6pt] \dfrac{d}{d\theta}\tan\theta = \dfrac{1}{\cos^2\theta}, \quad \int\dfrac{1}{\cos^2\theta}d\theta = \tan\theta \end{array}\right\} \tag{5・12}$$

ただし, 積分定数は省略した.

5・3 逆三角関数の微係数

三角関数 $y=\sin\theta$ の逆関数は $\theta=\sin^{-1}y$ となるが, ここで θ を y, y を x におきかえた $y=\sin^{-1}x$ を**逆三角関数**といい, x の値が変わると, それに対応して y の値も変わるので y は x の関数になる. この逆三角関数で x の値が $-\pi/2<x<\pi/2$ の範囲内を $\sin^{-1}x$ の**主値**といい, この場合を表すのに sine の s を大文字 S で書き $\mathrm{Sin}^{-1}x$ というように表す. さて, 逆三角関数の微係数を求めるには 4・2 の逆関数の微分法を用い, 次のように行う.

$$\dfrac{dy}{dx} = \dfrac{d}{dx}\mathrm{Sin}^{-1}x = \dfrac{1}{\dfrac{dx}{dy}} = \dfrac{2}{\dfrac{d}{dy}\mathrm{Sin}y} = \dfrac{1}{\mathrm{Cos}y} = \dfrac{1}{\sqrt{1-x^2}} \tag{5・13}$$

ただし, $y=\mathrm{Sin}^{-1}x$ だと $x=\mathrm{Sin}y$ となり, $\mathrm{Cos}y=\sqrt{1-\mathrm{Sin}^2 y}=\sqrt{1-x^2}$ になる. (主値内では Cosine の値は常に正だから根号の前は＋のみをとる)

あるいはまた, $x=\mathrm{Sin}y$ の両辺を微分すると

$$\dfrac{d}{dx}x = \dfrac{d\mathrm{Sin}y}{dy}\dfrac{dy}{dx}, \quad 1=\mathrm{Cos}y\dfrac{dy}{dx}, \quad \therefore \quad \dfrac{dy}{dx}=\dfrac{1}{\mathrm{Cos}y}$$

として求めてもよい. この $y=\mathrm{Sin}^{-1}x$ と $y'=\sqrt{1-x^2}$ をグラフに描くと図 5・6 のようになり, x が＋1 および－1 では y' は無限大になるので, この点では微係数を有さない.

5·3 逆三角関数の微係数

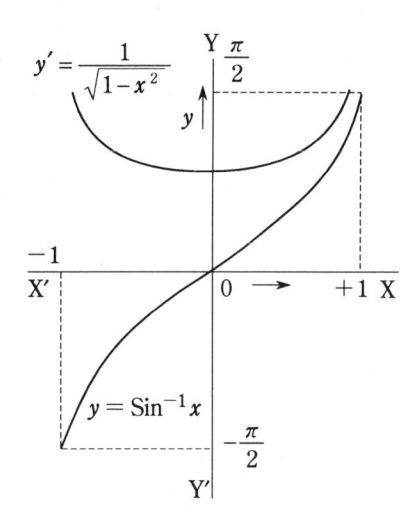

図 5·6 $y = \text{Sin}^{-1}x$ とその導関数

したがって，逆三角関数の変数 x の変域は $-1 \leq x \leq 1$ であるが，y' の場合は $-1 < x < 1$ ($-\pi/2 < y < \pi/2$) をとる．同様にして他の**逆三角関数**も次のように求められる．

$$\frac{d}{dx}\text{Cos}^{-1}x = \frac{1}{\frac{dx}{dy}} = \frac{1}{\frac{d}{dy}\text{Cos}\, y} = \frac{1}{-\text{Sin}\, y}$$

$$= \frac{1}{\sqrt{1-x^2}} \tag{5·14}$$

ただし，この場合も y の主値は $0 < y < \pi$ である．

$$\frac{d}{dx}\text{Tan}^{-1}x = \frac{1}{\frac{d}{dy}\text{Tan}\, y} = \frac{1}{\frac{1}{\text{Cos}^2 y}} = \frac{1}{1+\text{Tan}^2 y} = \frac{1}{1+x^2} \tag{5·15}$$

ただし，$-\dfrac{\pi}{2} < y < \dfrac{\pi}{2}$

$$\frac{d}{dx}\text{Cosec}^{-1}x = \frac{1}{\frac{d}{dy}\text{Cosec}\, y} = \frac{1}{-\text{Cosec}\, y \text{Cot}\, y} = -\frac{1}{x\sqrt{x^2-1}} \tag{5·16}$$

ただし，$-\dfrac{\pi}{2} < y < \dfrac{\pi}{2}$ なお，$\text{Cot}\, y = \dfrac{\text{Cos}\, y}{\text{Sin}\, y} = \sqrt{\text{Cosec}^2 y - 1}$

$$\frac{d}{dx}\text{Sec}^{-1}x = \frac{1}{\frac{d}{dy}\text{Sec}\, y} = \frac{1}{\text{Sec}\, y \text{Tan}\, y} = \frac{1}{x\sqrt{x^2-1}} \tag{5·17}$$

ただし，$0 < y < \pi$, なお $\text{Tan}\, y = \sqrt{\text{Sec}^2 y - 1}$

$$\frac{d}{dx}\text{Cot}^{-1}x = \frac{1}{\frac{d}{dy}\text{Cot}\, y} = \frac{1}{-\text{Cosec}^2 y} = -\frac{-1}{1+x^2} \tag{5·18}$$

ただし，$0 < y < \pi$, なお $\text{Cosec}^2 y = \dfrac{1}{\text{Sin}^2 y} = 1 + \text{Cot}^2 y$

この最後の三つは前の $\text{Sin}^{-1}x$, $\text{Cos}^{-1}x$, $\text{Tan}^{-1}x$ の微係数より，例えば次のように求められる．

$$y = \text{Cosec}^{-1}x, \quad \text{Cosec}\, y = x, \quad \text{Sin}\, y = \frac{1}{x}, \quad y = \text{Sin}^{-1}\frac{1}{x}$$

したがって，

$$\text{Cosec}^{-1}x = \text{Sin}^{-1}\frac{1}{x} \quad \text{となり}, \quad \frac{d}{dx}\text{Cosec}^{-1}x = \frac{d}{dx}\text{Sin}^{-1}\frac{1}{x}$$

$$= \frac{d\text{Sin}^{-1}(1/x)}{d(1/x)} \cdot \frac{d(1/x)}{dx} = \frac{1}{\sqrt{1-\left(\frac{1}{x}\right)^2}}\left(-\frac{1}{x^2}\right) = -\frac{1}{x\sqrt{x^2-1}}$$

以上より前項と同様に微分と積分の関係として，

$$\int \frac{1}{\sqrt{1-x^2}}dx = \text{Sin}^{-1}x, \quad \int \frac{-1}{\sqrt{1-x^2}}dx = \text{Cos}^{-1}x, \quad \int \frac{1}{1+x^2}dx = \text{Tan}^{-1}x$$

(5・19)

などがえられる．ただし，積分定数は省略した．

5・4　指数関数の微係数

指数関数
底数
指数関数の
微係数

　指数関数は底数aが定数で指数xが変数で$y = a^x$の形となる場合をいい，**底数a**として広く用いられているのは，次の対数関数のところで述べるような理由で，$\varepsilon = 2.718\cdots\cdots$であって，$y = \varepsilon^x$として表される．さて，この**指数関数の微係数**を求める予備知識として次のことがらを理解して頂きたい．

$$\lim_{n \to \infty}\left(1+\frac{1}{n}\right)^n = \varepsilon = 2.71828182\cdots\cdots$$

であって，このことがnの正の整数および正の分数，または負数の場合にも成立する．ここで，$n = 1/x$とおくと$x = 1/n$になり，$n \to \infty$で$x \to 0$になって

$$\lim_{x \to 0}(1+x)^{\frac{1}{x}} = \varepsilon$$

ということになる．今，この両辺の対数をとると，対数関数のところで説明したように，

$$\lim_{x \to 0}\left(\log(1+x)^{\frac{1}{x}}\right) = \frac{\log(1+x)}{x} = \log \varepsilon = 1$$

　ただし，$\log \varepsilon = u$とおくと$\varepsilon^u = \varepsilon$で$u = 1$になるので$u = \log \varepsilon = 1$になる．ここで，$\log(1+x) = z$とおくと，$1+x = \varepsilon^z$となり，$x \to 0$では$1 = \varepsilon^z = \varepsilon^0$で$z \to 0$になる．また$x = \varepsilon^z - 1$だから，上式は

$$\lim_{z \to 0}\frac{z}{\varepsilon^z - 1} = \frac{\lim_{z \to 0}z}{\lim_{z \to 0}(\varepsilon^z - 1)} = 1$$

であって，分母と分子の極限値に収束する速度の相等しいことを示しているので，その分母子を転倒してもよく

5・4 指数関数の微係数

$$\frac{\lim_{z \to 0}(\varepsilon^z - 1)}{\lim_{z \to 0} z} = \lim_{z \to 0} \frac{\varepsilon^z - 1}{z} = 1$$

この z を Δx におきかえると，$\displaystyle\lim_{\Delta x \to 0} \frac{\varepsilon^{\Delta x} - 1}{\Delta x} = 1$

さて，指数関数 $y = \varepsilon^x$ の微係数は

$$\frac{d}{dx}\varepsilon^x = \lim_{\Delta x \to 0} \frac{\varepsilon^{x+\Delta x} - \varepsilon^x}{\Delta x} = \lim_{\Delta x \to 0} \frac{\varepsilon^x(\varepsilon^{\Delta x} - 1)}{\Delta x}$$

$$= \lim_{\Delta x \to 0} \varepsilon^x \cdot \lim_{\Delta x \to 0} \frac{\varepsilon^{\Delta x} - 1}{\Delta x} = \varepsilon^x \times 1 = \varepsilon^x$$

すなわち，$\displaystyle\frac{d}{dx}\varepsilon^x = \varepsilon^x \quad \int \varepsilon^x dx = \varepsilon^x + k$ \hfill (5・20)

このように $y = \varepsilon^x$ の導関数は原関数そのものである．

変化率 このようなある量の**変化率**（**導関数**）がその量の現在高に比例するという関係は
導関数 日常問題にも工学上の問題にもよくでてくることで，指数関数がこれらの現象を表すのに極めて有用である．

図 5・7 は $y = \varepsilon^x$ とその導関数 $y' = \varepsilon^x$ を示したもので，上述のように $\Delta y/\Delta x \cong f'(x) = \varepsilon^x$ であるから，Δx を等間隔にとると各 Δy は，その関数値に比例し，例えば図で $\Delta y_1 \cong f'(x_1) = \varepsilon^{x_1}$ となる．

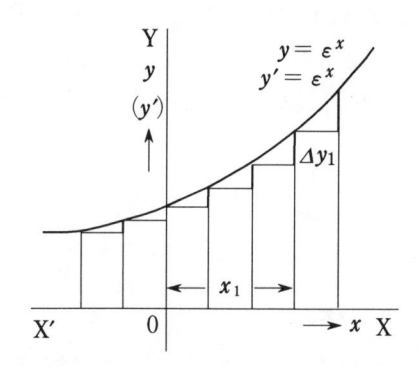

図 5・7 $y = \varepsilon^x$ とその導関数

なお，指数関数の底数が任意の定数 a である $y = a^x$ の場合は，$a = \varepsilon^u$ とおくと $u = \log a$ になるので，

$$y = a^x = (\varepsilon^u)^x = \varepsilon^{xu} = \varepsilon^{x \log a}$$

と書きかえられるので，

$$\frac{d}{dx}a^x = \frac{d\varepsilon^{x \log a}}{d(x \log a)} \cdot \frac{d(x \log a)}{dx} = \varepsilon^{x \log a} \cdot \log a = a^x \log a \hfill (5・21)$$

ただし，$\log a$ は定数である．

例えば $y = \varepsilon^{\alpha t} \sin(\omega t = \varphi)$ の dy/dt を求めると，

$$\frac{d}{dt}\varepsilon^{\alpha t} = \frac{d\varepsilon^{\alpha t}}{d(\alpha t)} \cdot \frac{d(\alpha t)}{dt} = \alpha \varepsilon^{\alpha t}$$

$$\frac{d}{dt}\sin(\omega t + \varphi) = \frac{d\sin(\omega t + \varphi)}{d(\omega t + \varphi)} \cdot \frac{d(\omega t + \varphi)}{dt} = \omega \cos(\omega t + \varphi)$$

となるので，

$$\frac{dy}{dt} = \alpha \varepsilon^{\alpha t} \sin(\omega t + \varphi) + \varepsilon^{\alpha t} \omega \cos(\omega t + \varphi)$$

$$= \varepsilon^{\alpha t} \{\alpha \sin(\omega t + \varphi) + \omega \cos(\omega t + \varphi)\}$$

$$= \varepsilon^{\alpha t} \sqrt{\alpha^2 + \omega^2} \sin(\omega t + \varphi + \tan^{-1} \alpha/\omega)$$

5・5 対数関数の微係数

対数関数 対数関数は $y = \log x$ の形となる場合で,これは $\varepsilon^y = x$ を意味し,この x と y を入れかえると $y = \varepsilon^x$ になるので,対数関数は指数関数の逆関数になる.したがって,その微係数は逆関数の微分法を用いてえられる.すなわち,

$$\frac{dy}{dx} = \frac{d}{dx}\log x = \frac{1}{\frac{dx}{dy}} = \frac{1}{\frac{d}{dy}\varepsilon^y} = \frac{1}{\varepsilon^y} = \frac{1}{x} \tag{5・22}$$

となる.この $y = \log x$ とその導関数 $y' = 1/x$ をグラフに描くと,図 5・8 のようになる.この原関数 $y = \log x$ は $\varepsilon^y = x$ を示し,$\varepsilon = 2.7182\cdots\cdots$ と正の実数だから,y が正数のとき $\varepsilon^y = x$ は正数であり,y を負数としても $\varepsilon^{-y} = 1/\varepsilon^y$ は正数であるから,$y = \log x$ の変数 x は常に $x > 0$ であることが必要条件になる.また,その導関数 y' は $y' = 1/x$ で $x > 0$ だから常に正値である.y が負値であっても,図上から明らかなように $\Delta y = (-y_2) - (-y_1) = |y_1| - |y_2| = $ 正値となる.

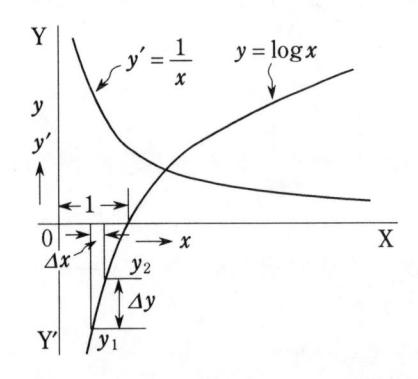

図 5・8 $y = \log x$ とその導関数

また,任意の定数 a を底数とする対数関数 $y = \log_a x$ では $a = \varepsilon^u$ とおくと $u = \log a$ であって,$x = a^y = (\varepsilon^u)^y = \varepsilon^{uy}$ となるので,

$$\frac{dy}{dx} = \frac{d}{dx}\log_a x = \frac{1}{\frac{dx}{dy}} = \frac{1}{\frac{d}{dy}\varepsilon^{uy}} = \frac{1}{\frac{d\varepsilon^{uy}}{d(uy)} \cdot \frac{d(uy)}{dy}}$$

$$= \frac{1}{\varepsilon^{uy} \cdot u} = \frac{1}{x \log a} \tag{5・23}$$

すなわち $\quad \dfrac{d}{dx}\log x = \dfrac{1}{x} \quad \displaystyle\int \dfrac{1}{x}dx = \log x + k \quad$ (重要) $\tag{5・24}$

$$\frac{d}{dx}\log_a x = \frac{1}{x \log a} \quad \int \frac{1}{x \log a}dx = \log_a x + k \tag{5・25}$$

ただし，k は積分定数である．

例えば $y = \log\left(x + \sqrt{x^2 + a^2}\right)$ の微係数を求めるのに，$u = x + \sqrt{x^2 + a^2}$ とおくと

$$\frac{du}{dx} = 1 + \frac{d(x^2+a^2)^{\frac{1}{2}}}{d(x^2+a^2)} \cdot \frac{d(x^2+a^2)}{dx} = 1 + \frac{2x}{2\sqrt{x^2+a^2}} = \frac{x+\sqrt{x^2+a^2}}{\sqrt{x^2+a^2}}$$

$$\frac{d}{dx}\log u = \frac{\log u}{du} \cdot \frac{du}{dx} = \frac{1}{u}\frac{du}{dx} = \frac{1}{x+\sqrt{x^2+a^2}} \times \frac{x+\sqrt{x^2+a^2}}{\sqrt{x^2+a^2}} = \frac{1}{\sqrt{x^2+a^2}}$$

常用対数 さて，一般の数値計算には底数 a を 10 とした**常用対数**を用いる理由は，指標を求めることが簡単なことと，数を10倍または10の整数倍しても仮数の変わらない点にあって，その根拠は一般に記数法として10進歩が用いられているためである．したがって，数値計算でなく文字計算では常用対数の特長はなくなる．

そこで文字式を簡単な形とする対数の底数をどう選ぶかというに，ε を底数とした**自然対数**を用いると，その微係数は上述のように，$y' = 1/x$ と簡単になって便利である．これが常用対数だと

自然対数

$$\frac{d}{dx} = \log_{10} x = \frac{1}{x \log 10} = \frac{1}{x \times 2.3026} = \frac{0.43429}{x} \tag{5・26}$$

というようなやっかいな形になる．また，電気工学上でしばしば必要になる $1/x$ を積分する場合，自然対数だと $\log x$ と簡単な形で求められる．これらが理論上の研究に自然対数が広く用いられる理由である．

5・6 対数微分法

与えられた関数が関数の積とか商で表されるとか，べき指数が x の関数であるときは，これらの関数を直接に微分するより，それらの対数をとって微分する方が簡単であり便利である．これを**対数微分法**という．

対数微分法

例えば，$y = \dfrac{x(1+x^2)}{\sqrt{1-x^2}}$ の dy/dx を求めるのに，原式の対数をとると

$$\log y = \log x(1+x^2) - \log\sqrt{1-x^2} = \log x + \log(1+x^2) - \frac{1}{2}\log(1-x^2)$$

この両辺を x について微分すると，

$$\frac{d\log y}{dy} \cdot \frac{dy}{dx} = \frac{d\log x}{dx} + \frac{d\log(1+x^2)}{d(1+x^2)} \cdot \frac{d(1+x^2)}{dx} - \frac{1}{2}\frac{d\log(1-x^2)}{d(1-x^2)} \cdot \frac{d(1-x^2)}{dx}$$

$$\frac{1}{y} \cdot \frac{dy}{dx} = \frac{1}{x} + \frac{2x}{1+x^2} + \frac{x}{1-x^2} = \frac{1+3x^2-2x^4}{x(1+x^2)(1-x^2)}$$

この式の両辺に原式の y を乗ずると dy/dx が求められる．

$$\frac{dy}{dx} = \frac{1+3x^2-2x^4}{x(1+x^2)(1-x^2)} \times \frac{x(1+x^2)}{\sqrt{1-x^2}} = \frac{1+3x^2-2x^4}{(1-x^2)^{\frac{3}{2}}}$$

5 基本初等関数の微係数と対数微分法

また，u, v を x の関数としたとき，$y = u^v$ の微係数は，この両辺の対数をとって，
$$\log y = \log u^v = v \log u$$
この両辺を x について微分すると
$$\frac{d \log y}{dy} \cdot \frac{dy}{dx} = \log u \frac{dv}{dx} + v \frac{d \log u}{du} \cdot \frac{du}{dx} = v' \log u + v \frac{1}{u} u'$$

$$\therefore \quad \frac{dy}{dx} = \frac{d}{dx} u^v + u^v \left(v' \log u + \frac{v}{u} u' \right) \tag{5·27}$$

関数べき関数の微係数

これを**関数べき関数の微係数**という．

例えば，$y = x^{\varepsilon x}$ の微係数を求めるには，両辺の対数をとって，
$$\log y = \log x^{\varepsilon x} = \varepsilon^x \log x$$
この両辺を x について微分すると
$$\frac{d \log y}{dy} \cdot \frac{dy}{dx} = \log x \frac{d \varepsilon^x}{dx} + \varepsilon^x \frac{d \log x}{dx} = \log x \cdot \varepsilon^x + \varepsilon^x \cdot \frac{1}{x}$$

$$\therefore \quad \frac{dy}{dx} = x^{\varepsilon x} \cdot \varepsilon^x \left(\log x + \frac{1}{x} \right)$$

というように求められる．

対数微分法

なお，この**対数微分法**を用いて，例えば $y = ax^n$ のような形の関数の微係数が次のように求められる．

まず両辺の対数をとると $\log y = \log a + n \log x$，この両辺を x について微分すると
$$\frac{d \log y}{dy} \cdot \frac{dy}{dx} = n \frac{d \log x}{dx}, \quad \frac{1}{y} \frac{dy}{dx} = \frac{n}{x}$$

$$\therefore \quad \frac{dy}{dx} = \frac{n}{x} \times y = \frac{n}{x} ax^n = anx^{n-1}$$

関数の積
関数の商

同様にして，**関数の積** $y = uv$ および**関数の商** $y = u/v$ の微係数が次のように求められる．上記のように何れも両辺の対数をとってから両辺を x について微分し，
$$\log y = \log u + \log v$$
$$\frac{1}{y} \frac{dy}{dx} = \frac{1}{u} \frac{du}{dx} + \frac{1}{v} \frac{dv}{dx}$$
$$\therefore \quad \frac{dy}{dx} = \left(\frac{u'}{u} + \frac{v'}{v} \right) uv = u'v + uv'$$

$$\log y = \log u - \log v$$
$$\frac{1}{y} \frac{dy}{dx} = \frac{1}{u} u' - \frac{1}{v} v'$$
$$\therefore \quad \frac{dy}{dx} = \left(\frac{u'}{u} - \frac{v'}{v} \right) \frac{u}{v} = \left(\frac{u'}{v} - \frac{uv'}{v^2} \right) = \frac{u'v - uv'}{v^2}$$

というように求められる．

5·7 微分計算の基本例題

　代数式の乗法はただ機械的に掛算を行えば容易に結果が求められ，しかもいかなる場合でも可能である．ところが，その逆算ともいうべき因数分解は容易でなく，不可能な場合もある．

　微分とその逆算である積分の場合も同様であって，微分は容易であり可能であるが，積分は困難であり不可能な場合もある．しかし，この両者は不可分の関係にあって，例えば $(x+a)(x+b)$ の乗法を行って $x^2+(a+b)x+ab$ をうると，x^2+px+q の因数分解は和が p となり積が q となる2数 a, b をうると，これは $(x+a)(x+b)$ に因数分解できることが分る．同様に，例えば $y=\log(x+\sqrt{x^2+a^2})$ の微分計算を行って，$y'=1/\sqrt{x^2+a^2}$ と求められたとすると $\int 1/\sqrt{x^2+a^2}\,dx = \log(x+\sqrt{x^2+a^2})$ であることに気づく．このように，乗法を数多く行うことによって因数分解へのひらめきを増し，微分計算を数多く行うことによって，積分計算へのひらめきがたくわえられる．

　ところが一般の数学書では微分は微分，積分は積分として記述しているが，これは微分と積分が逆算関係にあるということが発見されて初めて微分積分学が確立されたという歴史に対する認識がうすいためであり，また，微分を学ぶことによって自から積分に通ずるという学び方の効率の上からも当をえたものでない．

　このような次第だから微分計算を行って結果をえたとき，こういう関数を積分すると原関数になるのだということを十分に認識しておかれたい．次に若干の例題をかかげる．

〔例題1〕　$y = \dfrac{x}{x+\sqrt{x^2+a^2}}$ の $\dfrac{dy}{dx}$ を求めよ．ただし，a は定数

〔解答〕

$$\frac{dy}{dx} = \frac{\left(x+\sqrt{x^2+a^2}\right)\dfrac{d}{dx}x - x\dfrac{d}{dx}\left(x+\sqrt{x^2+a^2}\right)}{\left(x+\sqrt{x^2+a^2}\right)^2}$$

$$= \frac{\left(x+\sqrt{x^2+a^2}\right) - x\left(1+\dfrac{2x}{2\sqrt{x^2+a^2}}\right)}{\left(x+\sqrt{x^2+a^2}\right)^2} = \frac{\left(x+\sqrt{x^2+a^2}\right)\left(1-\dfrac{x}{\sqrt{x^2+a^2}}\right)}{\left(x+\sqrt{x^2+a^2}\right)^2}$$

$$= \frac{\left(\sqrt{x^2+a^2}\right)^2 - x^2}{\left(x+\sqrt{x^2+a^2}\right)^2\sqrt{x^2+a^2}} = \frac{a^2}{\left(x+\sqrt{x^2+a^2}\right)^2\sqrt{x^2+a^2}}$$

あるいは，原式で $x = a\tan\theta$ とおくと $\dfrac{dx}{d\theta} = a\sec^2\theta$ 　　　　　　(1)

原式は　$y = \dfrac{\tan\theta}{\tan\theta + \sec\theta} = \dfrac{\sin\theta}{1+\sin\theta} = 1 - \dfrac{1}{1+\sin\theta}$　となり

$$\frac{dy}{d\theta} = \frac{\cos\theta}{(1+\sin\theta)^2} \tag{2}$$

そこで(2)式を(1)式で除して

$$\frac{dy}{dx} = \frac{\cos^3\theta}{a(1+\sin\theta)^2} = \frac{1}{a(\sec\theta+\tan\theta)^2\sec\theta} = \frac{a^2}{\left(x+\sqrt{x^2+a^2}\right)^2\sqrt{x^2+a^2}}$$

としても求められる．

〔例題2〕 $y = \left(\alpha + \dfrac{\beta^2}{\sqrt{x^2-\gamma^2}}\right)^2$ の $\dfrac{dy}{dx}$ を求めよ．ただし α, β, γ は定数．

〔解答〕

$v = \sqrt{x^2-\gamma^2}$ とおくと

$$\frac{dv}{dx} = \frac{d(x^2-\gamma^2)^{\frac{1}{2}}}{d(x^2-\gamma^2)} \cdot \frac{d(x^2-\gamma^2)}{dx} = \frac{1}{2}(x^2-\gamma^2)^{-\frac{1}{2}} \cdot 2x = \frac{x}{\sqrt{x^2-\gamma^2}}$$

$u = \alpha + \dfrac{\beta}{v}$ とおくと

$$\frac{du}{dv} = 0 + \beta\frac{d}{dv}v^{-1} = \beta(-1 \times v^{-1-1}) = -\frac{\beta}{v^2} = -\frac{\beta}{x^2-\gamma^2}$$

$y = u^2$ とおくと

$$\frac{dy}{du} = \frac{du^2}{du} = 2u = 2\left(\alpha + \frac{\beta}{\sqrt{x^2-\gamma^2}}\right)$$

$$\therefore\ \frac{dy}{dx} = \frac{dy}{du} \cdot \frac{du}{dv} \cdot \frac{dv}{dx} = 2\left(\alpha + \frac{\beta}{\sqrt{x^2-\gamma^2}}\right)\left(-\frac{\beta}{x^2-\gamma^2}\right)\left(\frac{x}{\sqrt{x^2-\gamma^2}}\right)$$

$$= -\frac{2\beta x}{(x^2-\gamma^2)^{\frac{3}{2}}}\left(\alpha + \frac{\beta}{\sqrt{x^2-\gamma^2}}\right)$$

〔例題3〕 $y = \sqrt{t}$, $x = \dfrac{2t}{1+t}$ の $\dfrac{dy}{dx}$ を求めよ．

〔解答〕

$$\frac{dy}{dt} = \frac{d}{dt}t^{\frac{1}{2}} = \frac{1}{2\sqrt{t}},\quad \frac{dx}{dt} = \frac{d}{dt}\frac{2t}{1+t} = \frac{2}{(1+t)^2}$$

$$\therefore\ \frac{dy}{dx} = \frac{dy/dt}{dx/dt} = \frac{\dfrac{1}{2\sqrt{t}}}{\dfrac{2}{(1+t)^2}} = \frac{(1+t)^2}{4\sqrt{t}}$$

〔例題4〕 $y = m\sin nx \sin^n x$ の $\dfrac{dy}{dx}$ を求めよ．ただし，m, n は定数．

5·7 微分計算の基本例題

〔解答〕

$\dfrac{d}{dx}(uv) = vu' + v'u$ で $u = m\sin nx$,$v = \sin^n x$ と考えると

$$u' = \dfrac{d}{dx} m\sin nx = m\dfrac{d\sin nx}{d(nx)} \cdot \dfrac{d(nx)}{dx} = mn\cos nx$$

$$v' = \dfrac{d}{dx}\sin^n x = \dfrac{d\sin^n x}{d(\sin x)} \cdot \dfrac{d(\sin x)}{dx} = n\sin^{n-1} x\cos x$$

$$\therefore \dfrac{dy}{dx} = mn\sin^n x\cos nx + mn\sin nx\sin^{n-1} x\cos x$$

$$= mn\sin^{n-1} x(\sin x\cos nx + \sin nx\cos x) = mn\sin^{n-1} x\sin(n+1)x$$

〔例題5〕　$y = \dfrac{\sin x}{\sqrt{a^2\cos^2 x + b^2\sin^2 x}}$ の $\dfrac{dy}{dx}$ を求めよ．ただし，a,b は定数

〔解答〕

$\dfrac{d}{dx}\left(\dfrac{u}{v}\right) = \dfrac{vu' - v'u}{v^2}$ で，$u = \sin x$,$v = \sqrt{z} = \sqrt{a^2\cos^2 x + b^2\sin^2 x}$ とおくと，$u' = d\sin x/dx = \cos x$ となり

$$v' = \dfrac{d}{dx}\sqrt{z} = \dfrac{dz^{\frac{1}{2}}}{dz} \cdot \dfrac{dz}{dx} = \dfrac{1}{2\sqrt{z}} \cdot \dfrac{dz}{dx}$$

$$\dfrac{dz}{dx} = a^2\dfrac{d\cos^2 x}{d(\cos x)} \cdot \dfrac{d(\cos x)}{dx} + b^2\dfrac{d\sin^2 x}{d(\sin x)} \cdot \dfrac{d(\sin x)}{dx}$$

$$= -2a^2\cos x\sin x + 2b^2\sin x\cos x$$

$$v' = \dfrac{-a^2\cos x\sin x + b^2\sin x\cos x}{\sqrt{z}}$$

$$vu' - v'u = \sqrt{z}\cos x - \sin x\dfrac{-a^2\cos x\sin x + b^2\sin x\cos x}{\sqrt{z}}$$

$$= \dfrac{1}{\sqrt{z}}(z\cos x + a^2\sin^2 x\cos x - b^2\sin^2 x\cos x)$$

$$= \dfrac{1}{\sqrt{z}}\{(a^2\cos^2 x + b^2\sin^2 x)\cos x + a^2\sin^2 x\cos x - b^2\sin^2 x\cos x\}$$

$$= \dfrac{1}{\sqrt{z}}a^2\cos x(\cos^2 x + \sin^2 x) = \dfrac{a^2\cos x}{\sqrt{z}}$$

$$\dfrac{dy}{dx} = \dfrac{vu' - v'u}{v^2} = \dfrac{a^2\cos x}{\sqrt{z}\times z} = \dfrac{a^2\cos x}{(a^2\cos^2 x + b^2\sin^2 x)^{\frac{3}{2}}}$$

〔例題6〕　$y = \dfrac{1}{\sqrt{2}}\tan^{-1}\dfrac{\sqrt{2}x}{\sqrt{1-x^2}}$ の $\dfrac{dy}{dx}$ を求めよ．

〔解答〕

いま，$x = \sin\theta$ とおくと $\dfrac{dx}{d\theta} = \cos\theta$ 　　　　　(1)

また $\dfrac{x}{\sqrt{1-x^2}} = \dfrac{\sin\theta}{\cos\theta} = \tan\theta$ となるので，原式は $y = \dfrac{1}{\sqrt{2}}\tan^{-1}(\sqrt{2}\tan\theta)$

となり，

$$\dfrac{dy}{d\theta} = \dfrac{1}{\sqrt{2}} \dfrac{d\tan^{-1}\sqrt{2}\tan\theta}{d(\sqrt{2}\tan\theta)} \cdot \dfrac{d(\sqrt{2}\tan\theta)}{d\theta}$$

$$= \dfrac{1}{\sqrt{2}} \cdot \dfrac{1}{1+(\sqrt{2}\tan\theta)^2} \cdot \sqrt{2}\sec^2\theta = \dfrac{\sec^2\theta}{1+2\tan^2\theta} \qquad (2)$$

ただし，$\dfrac{d}{dx}\tan^{-1}x = \dfrac{1}{1+x^2}$

(2)式の両辺を(1)式の両辺で除すると

$$\therefore\ \dfrac{dy}{dx} = \dfrac{\sec^2\theta}{1+2\tan^2\theta} \times \dfrac{1}{\cos\theta} = \dfrac{1}{\left(1+2\dfrac{\sin^2\theta}{\cos^2\theta}\right)\cos^3\theta} = \dfrac{1}{(1+\sin^2\theta)\cos\theta}$$

$$= \dfrac{1}{(1+x^2)\sqrt{1-x^2}}$$

〔例題7〕 $y\varepsilon^{ny} = ax^m$ の $\dfrac{dy}{dx}$ を求めよ．ただし，a, m, n は定数．

〔解答〕

原式の両辺を x について微分すると

$$\dfrac{d}{dx}y\varepsilon^{ny} = \varepsilon^{ny}\dfrac{dy}{dx} + y\dfrac{d\varepsilon^{ny}}{d(ny)} \cdot \dfrac{d(ny)}{dy} \cdot \dfrac{dy}{dx} = a\dfrac{d}{dx}x^m = amx^{m-1}$$

$$\varepsilon^{ny}\dfrac{dy}{dx} + ny\varepsilon^{ny}\dfrac{dy}{dx} = amx^{m-1}$$

$$\therefore\ \dfrac{dy}{dx} = \dfrac{amx^{m-1}}{\varepsilon^{ny}(1+ny)} = \dfrac{amx^{m-1}}{\dfrac{ax^m}{y}(1+ny)} = \dfrac{my}{x(1+ny)}$$

〔例題8〕 $y = \sqrt{x\sqrt{1+x}}$ の $\dfrac{dy}{dx}$ を求めよ．（対数微分法による）

〔解答〕

原式両辺の対数をとると，$\log y = \dfrac{1}{2}\left\{\log x + \dfrac{1}{2}\log(1+x)\right\}$

両辺を微分すると $\dfrac{d\log y}{dy} \cdot \dfrac{dy}{dx} = \dfrac{1}{2}\left\{\dfrac{d\log x}{dx} + \dfrac{1}{2}\dfrac{d\log(1+x)}{d(1+x)} \cdot \dfrac{d(1+x)}{dx}\right\}$

$$\dfrac{1}{y}\dfrac{dy}{dx} = \dfrac{1}{2}\left\{\dfrac{1}{x} + \dfrac{1}{2(1+x)}\right\} = \dfrac{3x+2}{4x(1+x)}$$

$$\therefore\ \dfrac{dy}{dx} = \dfrac{3x+2}{4x(1+x)} \times y = \dfrac{(3x+2)\sqrt{x\sqrt{1+x}}}{4x(1+x)}$$

5·7 微分計算の基本例題

〔例題9〕　$x = \varepsilon^{\frac{x-y}{y}}$ の $\dfrac{dy}{dx}$ を求めよ．

〔解答〕

原式両辺の対数をとると，$\log x = \dfrac{x-y}{y}\log\varepsilon = \dfrac{x-y}{y} = \dfrac{x}{y} - 1$

したがって，$y = \dfrac{x}{1+\log x}$ になり，

$$\therefore \dfrac{dy}{dx} = \dfrac{(1+\log x)\dfrac{d}{dx}x - x\dfrac{d}{dx}(1+\log x)}{(1+\log x)^2} = \dfrac{(1+\log x) - x\cdot\dfrac{1}{x}}{(1+\log x)^2}$$

$$= \dfrac{\log x}{(1+\log x)^2}$$

〔例題10〕　$y = \tan^{-1}\sqrt{\dfrac{1-\cos x}{1+\cos x}}$ の $\dfrac{dy}{dx}$ を求めよ．

〔解答〕

いま，$u = \sqrt{\dfrac{1-\cos x}{1+\cos x}}$ とおくと，$y = \tan^{-1}u$ となり，

$$\dfrac{dy}{dx} = \dfrac{d\tan^{-1}u}{du}\cdot\dfrac{du}{dx}$$

$$\dfrac{d\tan^{-1}u}{du} = \dfrac{1}{1+u^2} = \dfrac{1}{1+\dfrac{1-\cos x}{1+\cos x}} = \dfrac{1+\cos x}{2}$$

ただし，$-\dfrac{\pi}{2} < \tan^{-1}u < \dfrac{\pi}{2}$

また，u の式の両辺の対数をとると，

$$\log u = \dfrac{1}{2}\{\log(1-\cos x) - \log(1+\cos x)\}$$

この両辺を x について微分すると，

$$\dfrac{d\log u}{du}\cdot\dfrac{du}{dx} = \dfrac{1}{2}\left\{\dfrac{d\log(1-\cos x)}{d(1-\cos x)}\cdot\dfrac{d(1-\cos x)}{dx} - \dfrac{d\log(1+\cos x)}{d(1+\cos x)}\cdot\dfrac{d(1+\cos x)}{dx}\right\}$$

$$\dfrac{1}{u}\cdot\dfrac{du}{dx} = \dfrac{1}{2}\left\{\dfrac{\sin x}{1-\cos x} - \dfrac{-\sin x}{1+\cos x}\right\} = \dfrac{1}{2}\cdot\dfrac{2\sin x}{1-\cos^2 x} = \dfrac{1}{\sin x}$$

$$\dfrac{du}{dx} = \dfrac{u}{\sin x} = \dfrac{1}{\sin x}\sqrt{\dfrac{1-\cos x}{1+\cos x}}$$

$$\therefore \dfrac{dy}{dx} = \dfrac{(1+\cos x)}{2\sin x}\sqrt{\dfrac{1-\cos x}{1+\cos x}} = \dfrac{1}{2\sin x}\sqrt{(1+\cos x)^2\times\dfrac{1-\cos x}{1+\cos x}}$$

$$= \dfrac{1}{2\sin x}\sqrt{1-\cos^2 x} = \dfrac{\sin x}{2\sin x} = \dfrac{1}{2}$$

6 微分法とその応用の要点

6・1 導関数と原関数（微分と積分の関係）

【1】導関数と原関数

原関数 $f(x)$ を微分してえた導関数 $f'(x)$ は，原関数の変化の割合やその状況を表しているので，導関数のグラフから原関数の形を知ることができる．ただし，原関数を表す曲線の上下の位置を確定することができない．これが積分の計算で積分定数となって表れてくる．

【2】微分と積分の関係

(1) 原関数を微分したものが導関数であり，この導関数を積分すると原関数になるので微分と積分は逆算関係にある――ここでいま一応，図 1・3 と図 1・5 の説明を参照されたい――．すなわち，

$$\frac{d}{dx}f(x)=f'(x)，\quad \therefore \quad f(x)=\int f'(x)dx+k \text{ ただし，} k;\text{積分定数}$$

(2) 曲線を表す式，$y=f(x)$ を x について積分すると，この曲線が X 軸との間に構成する面積 z を与え，逆に，この $z=f(x)$ を微分すると曲線を表す式 $y=f(x)$ がえられる．すなわち，

$$z=f(x) \rightarrow y=\frac{d}{dx}z=f'(x)，\quad \int f'(x)dx=\int y dx \rightarrow z=f(x)$$

(3) 任意の曲線上で接近した 2 点間の距離を ds，これに対応する x と y の微分を dx，dy とすると

$$ds=\sqrt{1+\left(\frac{dy}{dx}\right)^2}dx=\sqrt{1+y'^2}dx$$

として ds が求められる．

注： ある関数の微分が可能なためには連続関数でなくてはならないが，連続関数は必ず微分ができるというわけにゆかないので，関数の微分の可能性と連続性の間には不可分の関係はない．

6・2 関数の和，積，商の微分法

【1】関数の和の微分法

いくつかの関数の代数和を微分するには，各関数の微係数の代数和をとればよい．

すなわち，

$$\frac{d}{dx}\{f(x) \pm g(x) \pm \varphi(x)\} = \frac{d}{dx}f(x) \pm \frac{d}{dx}g(x) \pm \frac{d}{dx}\varphi(x)$$

【2】関数の積の微分法

関数の積　いくつかの関数の積を微分するには，そのうちの一つの関数だけを微分したものの和をとればよい．すなわち，

$$\frac{d}{dx}\{f(x) \cdot g(x)\} = g(x)\frac{d}{dx}f(x) + f(x)\frac{d}{dx}g(x) = f'(x)g(x) + f(x)g'(x)$$

$$y' = (u \cdot v \cdot w)' = u' \cdot v \cdot w + u \cdot v' \cdot w + u \cdot v \cdot w'$$

ただし，$g(x) = a$：定数のときは　$\dfrac{d}{dx}\{af(x)\} = af'(x)$　になる．

【3】関数の商の微分法

関数の商　関数の商（有理分数関数）を微分するには，分母の2乗を分母とし，分子の微係数と分母の積から分母の微係数と分子の積を引いたものを分子とする分数を作ればよい．すなわち，

$$\frac{d}{dx}\left\{\frac{f(x)}{g(x)}\right\} = \frac{g(x)\dfrac{d}{dx}f(x) - f(x)\dfrac{d}{dx}g(x)}{\{g(x)\}^2} = \frac{f'(x)g(x) - g'(xf(x))}{\{g(x)\}^2}$$

6・3　合成関数，逆関数，媒介関数，陰関数の微分法と対数微分法

【1】合成関数の微分法

合成関数　関数の関数 $y = \varphi(u)$，$u = f(x)$ を微分するには，$f(x)$ を x について微分した $f'(x)$ と，$\varphi(u)$ を u について微分した $\varphi'(u)$ の積をとればよい．すなわち，

$$\frac{dy}{dx} = \frac{dy}{du} \cdot \frac{du}{dx} \quad \text{ただし，} y = \varphi(u),\ u = f(x),\ y = \varphi\{f(x)\}$$

いくつあっても同様であって，

$$\frac{dy}{dx} = \frac{dy}{du_1} \cdot \frac{du_1}{du_2} \cdot \frac{du_2}{du_3} \cdots \cdots \frac{du_{n-1}}{du_n} \cdot \frac{du_n}{dx}$$

【2】逆関数の微分法

逆関数　逆関数を微分するには，もとの関数の微係数の逆数をとればよい．すなわち

$$x = f(y) \text{ において，} \frac{dx}{dy} = \frac{1}{\dfrac{dy}{dx}}$$

【3】媒介変数による微分法

媒介変数　$y = f(t)$，$x = \varphi(t)$ で表された関数を微分するには，それぞれを媒介変数で微分して，その比をとればよい．すなわち，

$$\frac{dy}{dx} = \frac{\frac{dy}{dt}}{\frac{dx}{dt}} = \frac{f'(t)}{\varphi'(t)} \quad \text{ただし} \quad \varphi'(t) \neq 0$$

【4】陰関数の微分法

陰関数 　陰関数の形のまま，その両辺を関数の関数の微分法の考え方を用いて微分するか，偏微分を応用して求める．すなわち，

$$f(xy) = 0, \quad \frac{df}{dx} + \frac{df}{dy}\frac{dy}{dx} = 0 \quad \text{または} \quad \frac{dy}{dx} = -\frac{f_x(xy)}{f_y(xy)}$$

後の方法の方が簡便である．

【5】対数微分法（5·6を参照）

対数微分法 　与えられた関数が関数の積とか商で与えられるとか，べき指数が x の関数であって，その形が複雑なときは，それらの対数をとって微分する方が労が少い．

6·4　基本初等関数の微係数と不定積分

それらを表示すると次のようになる．

関　数	微係数（導関数）	関　数	不定積分
ax^n	anx^{n-1}	bx^m	$\dfrac{b}{m+1}x^{m+1}$
$\sin x$	$\cos x$	$\cos x$	$\sin x$
$\cos x$	$-\sin x$	$-\sin x$	$\cos x$
$\tan x$	$\sec^2 x\ (1/\cos^2 x)$	$\sec^2 x\ (1/\cos^2 x)$	$\tan x$
$\operatorname{cosec} x$	$-\operatorname{cosec} x \cot x$	$-\operatorname{cosec} x \cot x$	$\operatorname{cosec} x$
$\sec x$	$\sec x \cot x$	$\sec x \cot x$	$\sec x$
$\cot x$	$-\operatorname{cosec}^2 x$	$-\operatorname{cosec}^2 x$	$\cot x$
$\operatorname{Sin}^{-1} x$	$\dfrac{1}{\sqrt{1-x^2}}$	$\dfrac{1}{\sqrt{1-x^2}}$	$\operatorname{Sin}^{-1} x$
$\operatorname{Cos}^{-1} x$	$-\dfrac{1}{\sqrt{1-x^2}}$	$-\dfrac{1}{\sqrt{1-x^2}}$	$\operatorname{Cos}^{-1} x$
$\operatorname{Tan}^{-1} x$	$\dfrac{1}{1+x^2}$	$\dfrac{1}{1+x^2}$	$\operatorname{Tan}^{-1} x$
$\operatorname{Cosec}^{-1} x$	$-\dfrac{1}{x\sqrt{x^2-1}}$	$-\dfrac{1}{x\sqrt{x^2-1}}$	$\operatorname{Cosec}^{-1} x$
$\operatorname{Sec}^{-1} x$	$\dfrac{1}{x\sqrt{x^2-1}}$	$\dfrac{1}{x\sqrt{x^2-1}}$	$\operatorname{Sec}^{-1} x$
$\operatorname{Cot}^{-1} x$	$-\dfrac{1}{1+x^2}$	$-\dfrac{1}{1+x^2}$	$\operatorname{Cot}^{-1} x$
ε^x	ε^x	ε^x	ε^x
a^x	$a^x \log a$	$a^x \log a$	a^x
$\log x$	$\dfrac{1}{x}$	$\dfrac{1}{x}$	$\log x$
$\log_a x$	$\dfrac{1}{x \log x}$	$\dfrac{1}{x \log x}$	$\log_a x$

注：　不定積分の積分定数は省略した．
　　　なお，$\sqrt{x}$ の微分が $1/2\sqrt{x}$，$1/\sqrt{x}$ の微分が $-1/2x\sqrt{x}$ になるなど簡単な形のものは暗記しておかれたい．

7 微分法とその応用の演習問題

【2章の演習問題】

(1) $y=f(x)=x^2-4x+5$ は x のどのような値で増加または減少するか．

(2) $y=f(x)=\varepsilon^{ax}$ は定数 a の正負にかかわらず増加関数であることを証明せよ．

(3) $y=f(x)=x-\cos x$ は $0<x<\pi$ なる変域でどのように変化するか．

(4) $y=f(x)=x^3+2.5x^2-2x+3$ は x のどのような値で増加または減少するか．

(5) 変数 x の変域が $0<x<\pi/2$ で，$\cos x>(1-x^2/2)$ であることを証明せよ．

【解答】

(1) $x>2$ で増加，$x<2$ で減少，$x=2$ で極値．

(2) $a>0$ で $y'=a\varepsilon^{ax}$ は正で増加，$a<0$ では $y'=a(1/\varepsilon)^{ax}$ ではやはり正で増加．

(3) 増加．

(4) $x>0$ のとき，$x>1/3$ で増加，$x<1/3$ で減少，$x<0$ のとき $x<-2$ で増加，$x>-2$ で減少

(5) $\{2(1-\cos x)-x^2\}<0$ を証明する．

【3章〜5章の演習問題】

次の各関数の微係数を求めよ．

(1) $y=-\dfrac{1}{(n-1)(x-a)^{n-1}}$　ただし　$n\neq 1$

(2) $y=\sqrt{(x+1)(x+3)}$

(3) $y=\sqrt{1+\dfrac{1}{\sqrt{x}}}$

(4) $\dfrac{(2x^2+1)\sqrt{x^2-1}}{3x^3}$

(5) $y=\sin x-\dfrac{2}{3}\sin^3 x+\dfrac{1}{5}\sin^5 x$

(6) $y=a\sin^2 x+\dfrac{b}{\cos x}$

(7) $y=a\sin(x+\varphi)+b\sqrt{1+\cos^2 x}$

(8) $y=\operatorname{Sin}^{-1}\dfrac{2x}{1+x^2}$

(9) $y = \dfrac{1}{\sqrt{3}} \mathrm{Tan}^{-1} \dfrac{\sqrt{3}\,x}{1-x^2}$

(10) $y = \mathrm{Tan}^{-1}\left(a \tan \dfrac{x}{2}\right)$

(11) $y = \sin(\mathrm{Cos}^{-1} x)$

(12) $y = \dfrac{\varepsilon^{ax}(a\sin x - b\cos x)}{x^2 + 1}$

(13) $\varepsilon^y - \varepsilon^x + xy = 0$

(14) $y = x^{\log x}$

(15) $y = \dfrac{\log x}{\varepsilon^x}$

(16) $y = \log \dfrac{\varepsilon^x}{1+\varepsilon^x}$

(17) $y = \log(ax^2 \log x)$

(18) $y = \log\left(\tan \dfrac{x}{2}\right)$

(19) $y = \dfrac{x\,\mathrm{Sin}^{-1} x}{\sqrt{1-x^2}} + \log\sqrt{1-x^2}$　　ただし　$0 < x < 1$

(20) 次の等式から y' を y の関数として求めよ．

$$x = a\log\dfrac{a+\sqrt{a^2-y^2}}{y} - \sqrt{a^2-y^2}　　ただし　0 < y \leqq a$$

【解答】

(1) $\dfrac{1}{(x-a)^n}$

(2) $\dfrac{x+2}{\sqrt{(x+1)(x+3)}}$

(3) $-\dfrac{1}{4x\sqrt{x+\sqrt{x}}}$

(4) $\dfrac{1}{x^2\sqrt{x^2-1}}$

(5) $\cos^5 x$

(6) $\left(2a\cos x + \dfrac{b}{\cos^2 x}\right)\sin x$

(7) $a\cos(x+\varphi) - \dfrac{b\sin x \cos x}{\sqrt{1+\cos^2 x}}$

(8) $\dfrac{2}{1+x^2}$

(9) $\dfrac{1+x^2}{1+x^2+x^4}$

(10) $\dfrac{a}{(1+a^2)+(1-a^2)\cos x}$

(11) $\dfrac{\pm x}{\sqrt{1-x^2}}$

(12) $\dfrac{\varepsilon^{ax}}{x^2+1}\{(a^2+b-2ax)\sin x+(ab-a+2bx)\cos x\}$

(13) $\dfrac{\varepsilon^x-y}{\varepsilon^y+x}$

(14) $\log x^2 x^{(\log x-1)}$

(15) $\dfrac{1-x\log x}{x\varepsilon^x}$

(16) $\dfrac{1}{1+\varepsilon^x}$

(17) $\dfrac{1}{x}\left(2+\dfrac{1}{\log x}\right)$

(18) $\operatorname{cosec} x$

(19) $\dfrac{\operatorname{Sin}^{-1}x}{(1-x^2)^{3/2}}$

(20) $y'=-\dfrac{y}{\sqrt{a^2-y^2}}$

索 引

英字

$\cos\theta$ の微係数	25
P点の速度	7
$\sin\theta$ の微係数	24
$\tan\theta$ の微係数	25

ア行

陰関数	21, 42
陰関数の微分法	22
右方微係数	13
運動曲線	7
円の接線	24

カ行

角点	13
関数の関数	17
関数の関数の関数	18
関数の商	15, 16, 34, 41
関数の積	15, 34, 41
関数の連続性	12
関数の和	40
関数べき関数の微係数	34
記号法	8
逆関数	19, 41
逆関数の微分	20
逆起電力	27
逆三角関数	28, 29
距離	3
曲線の長さ	12
極限法	1
極小，極大	10
区分求積	2
原関数	40
原曲線	8
コーシー	8
合成関数	17, 41
合成関数の微分法	18

サ行

左方微係数	13
差分三角形	5
最大値	27
三角関数の微係数	24
三角関数の積分	28
指数関数	30
指数関数の微係数	30
自己誘導電圧	27
自然対数	33
実効値	27
主値	28
初等関数	23
初等超越関数	23
常用対数	33
積分	11
積分値	12
積分定数	11, 40
積分法	1
接線	3, 8
速度	3

タ行

対数関数	32
対数微分法	33, 34, 42
代数関数	23
第2次導関数	10
低数	30
導関数	9, 10, 31, 40

ナ行

ニュートン	6

ハ行

媒介変数	20, 41
バーローの方法	5
反関数	19

索 引

微係数 2, 4, 5, 9, 10, 14, 23, 24
微係数の定義 17
微積分学 6
微分と積分 40
微分可能 13
微分商 9, 20
微分不可能 13
微分法 1
フェルマの極限法 1
フェルマの定理 1
普遍数学 8
平均変化率 26
偏微分 22
変化率 24, 31
変曲点 10
放物線 3
方向係数 10

マ行

右ネジの法則 26
無限小 9

ヤ行

誘導起電力 26

ラ行

ライプニッツ 7
流率（微係数） 7
連続関数 14

d-book
微分法とその応用

2000年8月20日　第1版第1刷発行

著　者　田中久四郎
発行者　田中久米四郎
発行所　株式会社電気書院
　　　　東京都渋谷区富ケ谷二丁目2-17
　　　　（〒151-0063）
　　　　電話03-3481-5101（代表）
　　　　FAX03-3481-5414
制　作　久美株式会社
　　　　京都市中京区新町通り錦小路上ル
　　　　（〒604-8214）
　　　　電話075-251-7121（代表）
　　　　FAX075-251-7133

印刷所　創栄印刷株式会社
ⓒ2000 Hisasiro Tanaka　　　　　　　　Printed in Japan
ISBN4-485-42916-4　　［乱丁・落丁本はお取り替えいたします］

Ⓡ Ⓡ 〈日本複写権センター非委託出版物〉

　本書の無断複写は，著作権法上での例外を除き，禁じられています．
　本書は，日本複写権センターへ複写権の委託をしておりません．
　本書を複写される場合は，すでに日本複写権センターと包括契約をされている方も，電気書院京都支社（075-221-7881）複写係へご連絡いただき，当社の許諾を得て下さい．